# De la domestication à la transgénèse

## Évolution des outils pour l'amélioration des plantes

André Gallais

Éditions Quæ

Éditions Quæ
RD 10, 78026 Versailles Cedex, France

© Éditions Quæ, 2013          ISBN 978-2-7592-1910-0          ISSN 1952-1251

# Sommaire

L'amélioration génétique des plantes est aussi vieille que l'agriculture. Elle a débuté avec la domestication des plantes, de façon plus ou moins inconsciente, il y a environ 10 000 ans, lorsque l'homme est devenu agriculteur et qu'il a récolté des graines pour les ressemer. Mais elle n'a vraiment commencé à trouver ses bases scientifiques qu'avec les premiers travaux sur les lois de l'hérédité, dans la deuxième moitié du $XIX^e$ siècle. À partir de cette période, son action a très vite conduit à développer des populations assez homogènes et reproductibles, appelées variétés. Il peut s'agir, selon les caractéristiques biologiques de l'espèce et certaines considérations socio-économiques, de variétés populations, de lignées, d'hybrides entre lignées, de variétés synthétiques, ou de clones. L'amélioration génétique des plantes est alors devenue la science et l'art de la création de variétés de mieux en mieux adaptées aux besoins de l'Homme. Il s'agit d'associer dans un même génotype ou groupe de génotypes, constituant la variété, le maximum d'allèles favorables. Par essence, l'amélioration est donc du génie génétique, au sens large du terme. Dans cet ouvrage, nous voulons montrer qu'il y a continuité dans les objectifs des méthodes et des outils utilisés, de la domestication à la transgénèse, mais que ceux-ci apportent une puissance de plus en plus grande.

Pendant toute une période, allant du début de la domestication jusqu'au milieu du $XIX^e$ siècle, la sélection était empirique, portant essentiellement sur des populations. À partir de la formulation par Louis de Vilmorin, en 1856, de la sélection sur descendances, la sélection va devenir plus raisonnée. Cette idée, puis celle de Shull en 1908, introduisant le concept de variété hybride, ont complètement changé la conception de la sélection. La sélection au sein de chaque population s'est développée sur des bases scientifiques, et la voie à la création de variétés génétiquement homogènes était ouverte, voie qui est celle de l'amélioration des plantes aujourd'hui. Les méthodes pour la création de ces variétés ont été imaginées il y a maintenant un siècle, voire un peu plus, mais les outils qu'elles mettent en œuvre se sont diversifiés et ont profondément évolué, parallèlement aux connaissances biologiques.

Ainsi, après la mise en évidence de l'existence des chromosomes, support de l'hérédité, par Morgan en 1935, l'action sur le niveau de ploïdie, par le biais du doublement chromosomique, a été un premier outil pour générer ou utiliser une variabilité nouvelle. Il a été beaucoup utilisé pour faciliter les échanges de gènes entre espèces ; nous verrons que de nombreuses variétés de blé ou de tomate ont ainsi reçu des gènes d'espèces sauvages, transférés par des méthodes relevant d'une certaine transgénèse avant la lettre. Plus récemment même, en combinaison avec l'hybridation interspécifique, cet outil a été utilisé pour créer des espèces nouvelles, comme le triticale[1]. Une autre « manipulation[2] » du niveau de ploïdie s'est beaucoup développée en amélioration des plantes : c'est l'obtention d'individus homozygotes à partir de cellules reproductrices haploïdes.

Après la deuxième guerre mondiale, les travaux sur la mutagénèse se sont développés, avec la découverte de nouveaux agents mutagènes ayant une action plus ponctuelle que les rayons X, dont l'effet mutagène était déjà connu dès le début du XXe siècle. Cet outil apporte une variabilité génétique nouvelle, en créant des allèles qui n'existent pas naturellement dans le matériel à la disposition du sélectionneur. Il s'agit d'une intervention au niveau du gène, mais cette intervention se fait purement au hasard : on crée une variabilité et ensuite on trie. De nombreuses variétés cultivées (plusieurs milliers dans le monde) ont bénéficié de l'apport de cet outil. Avec l'évolution des outils, une mutagénèse dirigée apparaît aujourd'hui.

À partir de 1950, les travaux de biologie moléculaire qui se sont beaucoup développés avec les études sur l'ADN ont conduit à deux types d'outils, apparus dans les années quatre-vingt : le marquage moléculaire du génome et la transgénèse. Le marquage moléculaire dense du génome a ouvert la voie à une véritable construction de génotypes ; il permet de faire de mieux en mieux ce que le sélectionneur a toujours voulu faire, à savoir réunir dans un même génotype, la variété, le maximum d'allèles favorables. Quant à la transgénèse, elle permet un transfert très rapide d'un gène d'une espèce dans le génome d'une autre espèce, malgré une distance génétique souvent très grande entre les espèces, ce qui apporte une variabilité génétique nouvelle et l'espoir, avec la transgénèse dirigée, de l'élaboration de génotypes gène à gène.

Dans cet ouvrage, nous présentons d'abord les outils de la sélection phénotypique, correspondant à la première forme de l'amélioration dirigée des plantes. Ces outils sont présentés volontairement de façon assez simple, pour montrer comment ils agissent et pourquoi ils peuvent être considérés comme des outils de génie génétique au sens large. Nous partons de l'amélioration des populations pour leur valeur propre, puis nous montrons ce que la création variétale apporte. Ensuite nous présentons les applications de la manipulation au niveau des chromosomes : doublement chromosomique, échanges de gènes entre espèces et haplodiploïdisation. C'est l'occasion de rappeler de « vieux » outils, issus de la cytogénétique[3], sans doute un peu oubliés, qui ont été utilisés pour l'introgression de gènes d'espèces éloignées dans le génome des espèces cultivées et qui ont beaucoup apporté à

---

1. C'est en 1982 que la première variété de triticale, Clercal, a été inscrite au catalogue officiel des variétés. Les premiers travaux sur les triticales ont commencé vers 1960.

2. Dans cet ouvrage nous utilisons volontairement ce terme, qui ne doit pas être vu uniquement avec son sens péjoratif, mais qui signifie ici « intervention de la main de l'Homme », comme dans le sens du mot anglais *manipulation*.

3. Étude *in situ*, dans la cellule, des variations des chromosomes (nombre, structure, anomalies, caryotype) au niveau intra et interspécifique.

l'amélioration de certaines espèces. Puis nous introduisons la sélection assistée par marqueurs, qui laisse de moins en moins de part au hasard dans la réassociation des gènes non allèles. Nous terminons par deux outils qui apportent une variabilité génétique nouvelle, la mutagenèse et la transgénèse. La mutagenèse apporte des caractères nouveaux en modifiant les gènes[4] déjà présents dans un génotype. La transgénèse, outil symbole du génie génétique au sens strict, apporte à la fois des caractères nouveaux de façon ciblée et la possibilité de leur transfert rapide. Les progrès ne sont sans doute pas finis, par exemple avec le développement de la mutagenèse et de la transgénèse dirigées.

Cet ouvrage veut s'adresser à toute personne ayant une certaine culture en biologie, surtout en génétique, et qui veut mieux comprendre comment l'amélioration des plantes agit sur les informations génétiques qu'elles portent. Pour cela, tous les aspects trop théoriques ont été éliminés, une annexe rappelle les bases génétiques essentielles pour mieux comprendre certains développements et un glossaire assez étoffé est donné. Les principales méthodes de sélection sont présentées par des schémas assez simples. Mais cet ouvrage s'adresse aussi aux techniciens et ingénieurs de la sélection ainsi qu'aux étudiants, enseignants et chercheurs en amélioration des plantes.

---

4. En fait ce sont les allèles à un locus qui sont modifiés.

# Remerciements

J'adresse ma gratitude aux lecteurs de tout ou parties du manuscrit et à tous ceux avec qui j'ai échangé. Joseph Jahier et André Charrier ont relu la partie concernant les croisements interspécifiques et l'échange de gènes entre espèces. Pierre Devaux a revu la partie sur l'haplodiploïdisation et Georges Pelletier s'est penché sur le chapitre concernant la mutagenèse et la transgénèse. Yves Lespinasse et Alain Cadic ont eu la gentillesse de répondre à mes nombreuses questions sur la mutagenèse chez les plantes à multiplication végétative. Michel Bernard et Michel Rousset ont bien voulu accepter la lourde tâche de relecture de l'ensemble du manuscrit et me faire part des imperfections du texte, tant sur le fond que sur la forme ; j'ai essayé de tenir compte le plus possible de leurs observations.

Tous mes remerciements aussi à ceux qui ont bien voulu me fournir quelques photos pour illustrer cet ouvrage : Alain Cadic, Pierre Devaux, Yves Lespinasse, Georges Pelletier.

# 1

# De la domestication
# à la création variétale

*L'amélioration génétique des plantes peut être définie comme la modification de certains caractères des plantes pour qu'elles répondent de mieux en mieux aux besoins de l'Homme. Elle a commencé avec leur domestication et s'est poursuivie essentiellement à partir de la fin du XIX<sup>e</sup> siècle par l'amélioration dirigée des plantes, intégrant de plus en plus dans ses méthodes et ses outils les progrès des connaissances. Aujourd'hui, l'amélioration génétique des plantes est devenue la science et l'art de la création de variétés ayant des caractères bien définis. Elle pourrait être considérée comme un prolongement de la domestication et être incluse dans la domestication au sens large. Nous préférons toutefois bien distinguer dans ce qui suit, la domestication au sens strict, forme d'adaptation plus ou moins inconsciente par l'Homme des plantes à ses besoins, et l'amélioration dirigée des plantes, qui met en œuvre des méthodes et des outils particuliers, s'appuyant sur la génétique. Dans le cadre de cet ouvrage le but n'est pas de montrer les conditions de la domestication, mais plutôt de montrer comment la domestication a agi. Aussi, bien qu'il s'agisse d'un long processus, sa base est très simple d'un point de vue génétique, ce qui explique, dans ce qui suit, le faible développement de cette première étape de la sélection des plantes au sens large.*

## Domestication des plantes

La domestication des plantes a débuté au néolithique, il y a environ 10 000 ans, lorsque l'Homme est passé de l'état nomade, vivant de la cueillette et de la chasse, à l'état sédentaire, vivant d'une certaine agriculture, grâce au semis des graines récoltées et aux soins apportés aux plantes pendant leur développement et jusqu'à leur récolte.

Tant que l'Homme vivait de la cueillette, les populations végétales sauvages n'étaient pas affectées par son intervention. Les graines qui échappaient à la récolte contribuaient à la génération suivante. Au sein de ces populations sauvages, la sélection naturelle a favorisé tous les caractères qui augmentent les chances d'une plante de laisser des descendants à la génération suivante. Ont été sélectionnées en particulier les plantes présentant un égrenage spontané, des mécanismes favorisant la dispersion des graines, des graines protégées, voire dormantes, avec une hétérogénéité de maturation sur la plante (souvent associée au tallage, chez les graminées, à la ramification des tiges, chez les dicotylédones, ou à une croissance indéterminée).

Avec le passage à l'agriculture, ce sont les graines récoltées par l'Homme qui sont ressemées pour la culture suivante. La sélection naturelle intervient toujours, mais dans des conditions écologiques différentes de celles de l'état sauvage. De plus, au moment de la récolte, voire au moment du semis, sont favorisées les plantes ayant des caractères facilitant la récolte et maximisant cette récolte en une seule fois (homogénéité de maturation), sans égrenage spontané, avec des grains nus pour les céréales. Il y a eu aussi une autre forme de sélection à l'intérieur des populations, les agriculteurs ne ressemant que les grains qu'ils ont appréciés pour différents caractères. C'est ainsi que la domestication a eu une action sur la composition chimique des grains (goût des graines ou des pâtes faites avec ces graines, fermentescibilité des pâtes de céréales…). C'est la succession des cycles de semis et de récolte pendant des milliers de générations qui a retenu des mutations conduisant aux types de plantes actuellement cultivées (Figure 1.1). Nous verrons que ce processus correspond en fait à une forme de sélection récurrente sur le phénotype (sélection massale, voir p. 45).

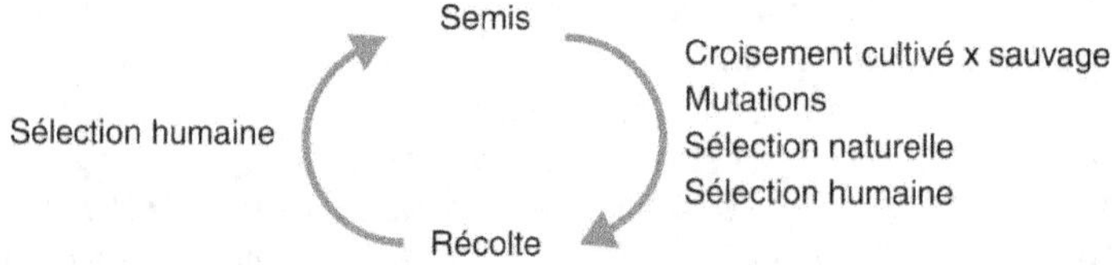


**Figure 1.1.** Illustration de la domestication comme mode de sélection.
À chaque génération, chez les espèces à fécondation croisée, il y a intercroisement naturel entre les formes cultivées retenues mais celles-ci peuvent aussi être pollinisées par les formes sauvages ; la sélection naturelle qui s'exerce au niveau du champ cultivé et les choix faits par l'Homme peuvent alors retenir à certains locus des allèles favorables (dont ceux issus de nouvelles mutations), à condition qu'ils aient un effet assez fort sur le phénotype.

Le résultat de cette forme de sélection a été une modification de la morphologie et de la physiologie des plantes, avec souvent une augmentation de la dominance apicale[5]. Ainsi, chez le maïs, les mutants entraînant une floraison groupée (disparition du tallage et de la ramification de la tige), sans désarticulation du rachis à maturité, avec des grains nus, et donnant le maximum de grains en une seule récolte, ont été favorisés. Le tableau 1.1 récapitule les différences essentielles entre un maïs sauvage et un maïs domestiqué. Un épi de maïs d'aujourd'hui possède entre 300 et 400 grains, alors qu'un épi de son ancêtre, la téosinte, ne présente que 6 à 10 grains (Photo 2). Cependant, en conditions de culture en plantes isolées, le nombre de grains produits par une plante de téosinte, portant de nombreuses

---

5. Prééminence du bourgeon terminal sur les bourgeons axillaires.

tiges et de nombreux épis par tige, peut être bien supérieur à celui produit par une plante de maïs, qui n'a qu'une tige et souvent un seul épi par tige.

Cette évolution décrite pour le maïs est assez générale. Dans le cas du sorgho et du mil on constate aussi une réduction, voire une disparition, du tallage et une augmentation de la taille de l'inflorescence. Des inflorescences de mil domestiqué (chandelles) peuvent mesurer jusqu'à deux mètres de long, contre dix centimètres, voire moins, chez l'ancêtre sauvage. Pour le blé et les autres céréales à paille, l'homogénéité de maturation a été obtenue par la sélection de plantes ayant un tallage limité à un moment donné et présentant un développement synchrone des talles. La même évolution peut être observée chez les espèces dicotylédones[6]. Ainsi, chez le tournesol, l'effet de la domestication a été remarquable au niveau de la taille de l'inflorescence : des populations domestiquées ont une seule tige et un très gros capitule alors que les populations sauvages ont une tige très ramifiée et de nombreux petits capitules. Chez les légumineuses (haricot, soja…), le fait majeur est la sélection de plantes avec des gousses indéhiscentes. Chez toutes les espèces cultivées pour leurs graines, la domestication a entraîné une augmentation de la taille des graines. Celle-ci est en partie le résultat d'une sélection naturelle dans le champ de l'agriculteur pour la vigueur de la plantule. De même, le caractère de dormance des graines a disparu.

Au cours de leur évolution, les plantes domestiquées ont en fait acquis des caractères opposés à ceux des populations sauvages. Elles sont devenues souvent dépendantes de l'Homme pour leur survie : ainsi le maïs et le blé d'aujourd'hui ne sont plus adaptés à l'état sauvage ; abandonnés dans la nature, ils sont condamnés à disparaître.

**Tableau 1.1.** Différences essentielles entre le maïs sauvage et le maïs cultivé (Photos 1 et 2).

| Maïs sauvage | Maïs cultivé |
| --- | --- |
| Tiges nombreuses, ramifiées | Tige unique non ramifiée |
| Nombreux petits épis | Un ou deux gros épis |
| Rachis désarticulé à maturité | Rachis soudé, condensé |
| Grain protégé par une cupule | Grain nu |

Du point de vue génétique, compte tenu de forts effets aléatoires du milieu, la sélection pendant la domestication a surtout affecté la fréquence des gènes ayant un effet assez fort sur le phénotype, comme ceux modifiant la morphologie ou la physiologie des plantes. Il s'agit en fait d'une forme de sélection sur le phénotype (dite massale) dont nous verrons les limites pour des caractères quantitatifs affectés par le milieu (voir p. 44). Les études génétiques des différences entre une plante sauvage et une plante cultivée, dans le cas des céréales, montrent effectivement

---

6. Ensemble des plantes formant des fleurs et ayant des embryons à deux cotylédons.

que la domestication a agi sur relativement peu de gènes majeurs, c'est à dire des gènes à effets forts. Ainsi, de façon simplifiée, on peut dire que seulement cinq gènes ou groupes de gènes différencient, du point de vue de la morphologie, l'ancêtre du maïs, la téosinte, et le maïs actuel : une mutation du gène *tb1* (*tb* pour *teosinte branched*) transforme la téosinte en une plante à une tige[7] ; une mutation du gène *tga1* (*tga* pour *teosinte glume architecture*) supprime le caractère « vêtu » du grain ; une mutation *Ab* supprime le caractère désarticulé de l'épi et une autre mutation *Tr* fait passer l'épi de deux rangs à plus de deux rangs. Après ces changements qualitatifs, relatifs à la morphologie et à la physiologie, le processus de domestication a continué et a retenu des gènes à effets quantitatifs, augmentant le nombre de rangs et le nombre de grains par rangs ainsi que la taille des grains. Les fouilles archéologiques montrent bien le passage de l'épi de téosinte qui mesurait de l'ordre de deux à trois centimètres il y a 7 000 ans, à celui du maïs qui mesurait environ sept centimètres 2 000 ans plus tard et près de dix centimètres au début de l'ère chrétienne.

Cette évolution des populations cultivées s'est faite par une pression de la sélection naturelle au cours de leur culture, avec l'alternance entre semis et récolte, et par la sélection par l'Homme avec, pour les plantes où la fécondation croisée est présente, des échanges entre les populations sauvages et les populations cultivées. Ces échanges étaient source de variabilité génétique et au cours du temps ce sont les allèles ou arrangements d'allèles favorables à la domestication qui ont été sélectionnés (Figure 1.1). Chez les céréales à fécondation croisée (maïs, mil), la domestication a même conduit à une organisation génétique particulière, telle que certaines de ces mutations sélectionnées sont situées sur le même chromosome, très proches les unes des autres, afin d'assurer une certaine stabilité de la forme domestiquée, malgré les croisements avec la forme sauvage (Pernès, 1983). En revanche, chez les plantes autogames (qui s'autofécondent naturellement), une telle organisation ne s'est pas toujours mise en place, l'autogamie assurant une certaine stabilité des associations de gènes créées par la domestication. Enfin, il faut noter que, selon les espèces, il peut y avoir eu un ou plusieurs événements de domestication. Cela fait encore l'objet de recherches.

Par rapport au nombre total d'espèces végétales (environ 250 000), les espèces retenues par l'Homme sont en fait en nombre très réduit. Au total environ 350 à 400 espèces (plantes de grande culture, plantes légumières, plantes textiles, plantes fruitières) ont été domestiquées. Mais cela se réduit à environ 80 si on ne considère que les plantes de grande culture et les plantes légumières, et seulement une dizaine d'espèces « nourrissent » le monde : blé, maïs, riz, sorgho, mil, orge, haricot, arachide, soja, patate douce, manioc, pomme de terre, auxquelles on peut ajouter deux plantes industrielles, la betterave à sucre et la canne à sucre (Harlan, 1975).

En fait, n'ont été domestiquées que les espèces présentant des prédispositions à la domestication, par leur utilité ou attrait immédiat, et aussi par l'existence de mutations entraînant des caractères intéressants pour l'Homme ou favorables

---

7. Les fouilles archéologiques montrent que ce mutant était déjà présent dès 4 000 avant JC.

au processus de domestication. À une époque où le généticien biotechnologiste est accusé de fabriquer des plantes contraires à l'ordre naturel et de contribuer à diminuer la diversité des espèces végétales, il est important de souligner que l'écart le plus important à la nature a été réalisé par cette domestication, il y a environ 8 000 à 10 000 ans. Ainsi, chez le maïs, la perte de diversité génétique due à la domestication est estimée à 30 % et, chez le blé, elle atteint jusqu'à 80 %, par rapport à certaines espèces ancêtres. Il faut cependant remarquer qu'il y a surtout eu une élimination de caractères défavorables, pour la culture et l'utilisation des plantes, et une fixation de caractères favorables, comme de nouveaux caractères issus de mutations qui, dans les populations sauvages, auraient pu être perdus ou rapidement éliminés par la sélection naturelle.

## Évolution des populations cultivées

### Homogénéisation des populations cultivées

La domestication a conduit au choix d'un nombre limité d'espèces cultivées. Puis, à l'intérieur d'une espèce, le nombre de populations cultivées a diminué au cours du temps, conséquence d'abord des échanges de semences qui pouvaient se faire au niveau d'un village (favorisant les populations qui donnaient le meilleur résultat) et par le commerce même de ces semences, apparu très tôt. Ainsi, vers l'an 800 (sous le règne de Charlemagne), on trouve des capitulaires recommandant aux agriculteurs le renouvellement des semences et leur achat sur le marché (Boulaine, 1992).

Au XIXe siècle, avec les travaux de Louis Lévêque de Vilmorin, est apparue la sélection intrapopulation, dirigée en vue d'améliorer les performances de la population cultivée. Louis Lévêque de Vilmorin a, en effet, été le premier à établir, dès 1856, que pour un caractère complexe, comme le rendement en grain, la valeur de la descendance d'une plante renseignait sur sa valeur génétique, ce qui a été à la base de la sélection dite généalogique. L'application de ce mode de sélection aux populations de plantes qui s'autofécondent naturellement (plantes dites autogames) a entraîné immédiatement un rétrécissement de la base génétique[8] des variétés cultivées : chaque variété est devenue restreinte à un génotype homozygote[9] appelé lignée pure (voir p. 48). Ainsi, depuis le début du XXe siècle, les variétés de céréales autogames (blé, orge, avoine) sont des lignées pures : ce qui est cultivé aujourd'hui dans le champ d'un agriculteur est l'équivalent d'un seul génotype.

Chez les plantes à fécondation croisée, dites allogames[10] (maïs, betterave, graminées fourragères), il est impossible de développer des lignées pures de bonne valeur, compte tenu de la forte perte de vigueur en régime de consanguinité qui est une règle générale chez ces espèces (voir p. 39). Pour éviter cette dépression de

---

8. De façon simplifiée, la base génétique d'une variété représente sa diversité génétique interne.

9. Si à un locus, il y a dans une population les allèles *A* et *a*, les plantes de génotype *AA* ou *aa* sont dites homozygotes et les plantes *Aa* sont hétérozygotes.

10. La fécondation se fait entre un gamète mâle et un gamète femelle issus de deux individus différents.

consanguinité, deux voies ont été suivies : la création d'hybrides et la création de populations synthétiques ou variétés synthétiques.

La voie vers les hybrides a été ouverte par les travaux de Shull en 1908. Nous verrons qu'elle permet de réaliser, à partir des populations de plantes allogames, ce qui était facile chez les populations de plantes autogames, à savoir reproduire par voie sexuée le meilleur génotype en un grand nombre d'exemplaires. Mais, dans le cas des plantes allogames, la tâche était plus difficile puisqu'il s'agissait de reproduire à grande échelle un génotype plus ou moins hétérozygote (voir p. 54).

Chez les plantes où le contrôle de l'hybridation n'était pas possible à grande échelle, ce sont des variétés populations artificielles, ou variétés synthétiques, qui ont été développées (très utilisées chez les plantes fourragères allogames). Une variété synthétique est une population artificielle fondée à partir d'un nombre limité de plantes ou de familles. Même s'il reste une variabilité génétique intravariétale, il y a là aussi homogénéisation génétique de ce qui est cultivé dans le champ de l'agriculteur.

Quel que soit leur type, les variétés sont donc devenues beaucoup plus homogènes, reproductibles, et avec des caractéristiques bien définies. En moins d'un siècle, pour le maïs et les autres céréales, on est passé des variétés populations hétérogènes à des variétés génétiquement homogènes, réduites à un génotype (lignées pures, hybrides simples). Chez les autres espèces à multiplication sexuée, on observe la même évolution, c'est-à-dire la création de lignées pures chez les plantes autogames et d'hybrides chez les plantes allogames, lorsqu'il est possible de contrôler l'hybridation à grande échelle. Ainsi, chez la betterave, plante allogame, les variétés populations ont d'abord été remplacées par des hybrides entre populations hétérogènes et aujourd'hui elles évoluent vers des variétés hybrides entre lignées pures, analogues aux variétés de maïs. Les hybrides se développent même chez certaines espèces autogames, car l'hybridation est le moyen le plus rapide pour réunir dans un génotype les allèles dominants favorables dispersés dans deux parents (voir p. 54). Chez les plantes à multiplication végétative (par exemple, la pomme de terre), la sélection a très vite conduit à des variétés monoclonales.

Depuis la domestication, on observe donc une réduction continue de la diversité dans le champ de l'agriculteur, avec moins d'espèces cultivées, de moins en moins de populations différentes par espèce, et des populations de plus en plus homogènes.

## Intérêt de l'homogénéité

C'est essentiellement la recherche des performances maximales dans un milieu donné qui a conduit à favoriser les populations à base génétique étroite. En effet, un peuplement hétérogène, comme une population formée d'un mélange de génotypes, a généralement[11] une performance moyenne inférieure à la valeur de ses meilleurs constituants. Donc, dans un milieu donné, si l'on recherche les performances

---

11. Sauf cas, très rares, de coopération entre génotypes.

maximales pour des caractères agronomiques, il faut des variétés réduites à un génotype, bien adapté à ses conditions de culture et d'utilisation. Cette réduction de la base génétique des variétés est à l'origine des progrès spectaculaires de rendement observés de 1950 à 1990, chez de nombreuses espèces de grande culture (voir ci-dessous). En revanche, si l'on cherche la stabilité de la production dans des conditions variées et variables, et quand les écarts entre les performances de différents génotypes varient d'un milieu à un autre, un peuplement avec une hétérogénéité génétique contrôlée sera favorable. Ainsi, des associations raisonnées de variétés de blé, dans le but de limiter le développement des maladies, peuvent conduire à un rendement plus stable selon les conditions du milieu, voire meilleur que celui d'une culture monovariétale.

L'homogénéisation des variétés était également nécessaire pour la mécanisation de la culture et la standardisation des produits. Une population homogène permet, en effet, de mieux standardiser les diverses opérations culturales, avec des interventions à un stade précis, optimal, pour toutes les plantes (par exemple, l'homogénéité dans le rythme de développement est nécessaire pour le pilotage de la fumure azotée mais aussi pour tous les traitements et la récolte). De plus, sans une certaine homogénéité, la mécanisation des cultures n'aurait pas été possible ou efficiente. Enfin, l'utilisateur des produits de la récolte lui-même, l'industriel ou le consommateur, demande un produit standardisé. Pour l'industriel, cela permet la mise au point de procédés de transformation avec le rendement maximal, d'où un produit final de meilleure qualité, voire moins coûteux. Pour le consommateur, cela permet d'avoir des produits de meilleure qualité. Pour les fruits et les légumes, l'homogénéité fait même partie de la qualité esthétique.

Avec le développement de variétés, l'amélioration génétique des plantes est donc devenue la science et l'art de la création de variétés, une variété pouvant être définie comme une population artificielle, à base génétique étroite (voire réduite à un seul génotype), reproductible, et avec des caractéristiques agronomiques bien définies, apportant un progrès (Figure 1.2). Pour simplifier l'expression, nous parlerons, dans ce qui suit, d'amélioration des plantes et non d'amélioration génétique des plantes.

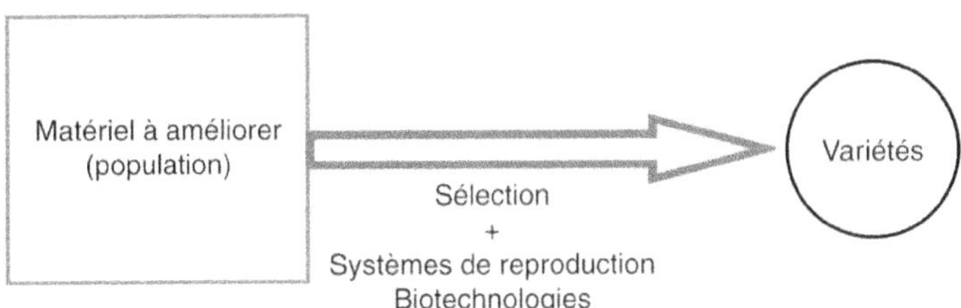


**Figure 1.2.** Illustration de l'amélioration des plantes comme étant la science et l'art de la création de variétés.

Le but de l'amélioration des plantes est de créer des variétés qui répondent de mieux en mieux aux besoins de l'Homme. Par l'utilisation de la sélection, des systèmes de reproduction (croisement, autofécondation) et des biotechnologies, il s'agit de réunir dans une même variété le maximum d'allèles favorables.

## Bases génétiques des progrès réalisés

Depuis la fin de la seconde guerre mondiale, l'amélioration de la production agricole a été spectaculaire chez les plantes de grande culture comme les céréales à paille, le maïs, la betterave, le colza, le tournesol. Compte tenu de l'état économique de la France à l'époque et de ses potentialités, cela était nécessaire puisque la France était, et est encore, le pays le plus agricole de l'Europe. Toute notre économie a bénéficié de cette amélioration de la productivité de notre agriculture. Ainsi, les investissements dans la recherche agronomique ont été très efficaces. En 50 ans, les rendements ont été multipliés par quatre environ, dans le cas du blé, et par plus de quatre, dans le cas du maïs. Les augmentations du rendement et de la qualité des récoltes, qui constituent le progrès agronomique, viennent à la fois de l'amélioration des techniques culturales et de l'amélioration génétique des plantes (cette dernière conduisant à ce qui est appelé le progrès génétique). Bien qu'il soit difficile de séparer ces deux sources de progrès, la contribution de l'amélioration des plantes à l'amélioration des rendements peut être estimée aux environs de 0,35 à 0,45 q/ha/an pour le blé, soit environ 30 à 35 % du progrès agronomique, et de 0,6 à 0,8 q/ha/an pour le maïs, soit 60 à 80 % du progrès agronomique. Ces progrès sont tous associés à une homogénéisation génétique des variétés, combinée à la fois à une intensification des cultures (mécanisation, développement et augmentation de la fumure azotée) et à une diversification des caractères des variétés.

Dans quelques cas importants, les progrès réalisés sont dus à l'utilisation de gènes à effets forts qui ont modifié la morphologie des plantes. Ainsi, l'utilisation des allèles de nanisme chez les céréales a été à la base des progrès génétiques réalisés dans tous les pays du monde, tant pour le blé et l'orge que le riz ou le sorgho. Un autre exemple, spectaculaire, est celui de l'introduction du caractère de monogermie chez la betterave, qui en permettant la mécanisation de la culture a « sauvé » cette culture qui était trop coûteuse en main d'œuvre. À ces deux exemples importants, on pourrait ajouter l'utilisation des gènes de résistance aux maladies chez pratiquement toutes les espèces cultivées, des gènes de la qualité boulangère chez le blé, de qualité des huiles chez le colza, le caractère *afila*[12] chez le pois, etc. L'utilisation de quelques gènes à effets forts peut changer complètement une culture et son intérêt, tant pour l'agriculteur que pour le consommateur ou l'industriel. Cela ne fait que prolonger l'effet de la domestication, qui a surtout agi sur quelques gènes à effets forts affectant la morphologie et la physiologie des plantes. Ces gènes ont été introduits soit par la méthode des rétrocroisements (voir p. 65) soit par hybridation suivie de sélection (voir p. 54), les deux méthodes étant en général assez longues (au moins cinq ans pour une espèce annuelle). Aujourd'hui des gènes peuvent être introgressés dans un génotype de façon beaucoup plus rapide par la transgénèse (voir p. 137) et l'utilisation de marqueurs moléculaires (voir p. 117).

Cependant, à côté de l'utilisation de ces gènes majeurs, il y a eu aussi une amélioration quantitative résultant de l'exploitation de la variabilité génétique due à un grand nombre de gènes. En effet, du point de vue génétique, les caractères

---

12. Transformation des folioles en vrilles.

en cause, comme le rendement, la qualité et l'adaptation au milieu, sont sous la dépendance de facteurs génétiques multiples. C'est d'ailleurs ce grand nombre de gènes en cause qui explique la continuité de l'amélioration. Il n'est, en effet, pas possible de réunir tous les allèles favorables dans une même variété en un seul cycle de sélection et de création variétale. En fait l'amélioration des plantes est une œuvre de longue haleine, une sorte de construction pierre à pierre, c'est-à-dire gène à gène. Aujourd'hui, comme nous le verrons dans les chapitres qui suivent, différents outils permettent d'accélérer ce processus et de mieux utiliser la variabilité génétique.

## Différents types de variétés

Cinq grands types de variétés peuvent être distingués :
— les variétés populations ;
— les variétés lignées ;
— les variétés hybrides ;
— les variétés synthétiques ;
— les clones.

### Variétés populations

Les variétés populations ont été les premiers types de variétés développés (Photos 4 et 6). Elles sont formées par la multiplication en masse d'une population naturelle ou artificielle. L'agriculteur ressème une partie des grains récoltés. À chaque semis, c'est une nouvelle génération qui est produite. Pour les plantes allogames de grande culture, dans les pays à agriculture intensive, ce type de variétés a pratiquement disparu pour être remplacé par des variétés hybrides ou des variétés synthétiques. Il existe encore chez plusieurs espèces potagères, même si les variétés hybrides se sont développées (radis, carotte, choux…). En revanche, il est fréquent dans les pays en développement. Jusqu'au début du xx$^e$ siècle, il pouvait aussi se rencontrer chez les autogames et, dans ce cas, il s'agissait d'un mélange de génotypes homozygotes. Mais il est très vite disparu avec le développement de la sélection intrapopulation qui a extrait la meilleure lignée existante des populations.

### Variétés lignées

Les variétés lignées sont, en théorie, formées d'un seul génotype homozygote qui par autofécondation donne donc des descendants tous homozygotes, identiques entre eux et identiques à ceux de la génération précédente. C'est le type de variétés le plus classique chez les plantes autogames (céréales telles que blé, orge, avoine…), où la dépression de consanguinité est faible. Mais il est aussi (ou a été) développé chez des espèces semi-allogames comme le colza. Il permet d'avoir des variétés très homogènes et reproductibles.

### Variétés hybrides

Les variétés hybrides résultent du croisement contrôlé de deux constituants (parents) qui peuvent être de nature variée : des clones comme chez l'asperge, des lignées comme chez certaines plantes annuelles allogames (maïs, tournesol) ou autogames (blé, orge), ou des familles plus ou moins complexes (populations) comme celles créées chez la betterave dans les années 1970 à 1980. La base génétique la plus étroite possible pour un hybride est représentée par le croisement de deux lignées homozygotes, puisqu'elle correspond à la production d'un seul génotype. Dans ce cas on parle le plus souvent d'hybride simple, ou hybride $F_1$. Le croisement d'un hybride simple avec une lignée donne un hybride trois-voies et le croisement de deux hybrides simples, un hybride double (Figure 1.3). C'est l'hybride simple entre lignées[13] qui permet d'utiliser au maximum la variation génétique de la valeur en croisement. Ce type d'hybride est parfaitement reproductible et génétiquement homogène dans la mesure où ses parents, des lignées pures, sont reproductibles à l'identique (Photo 5).

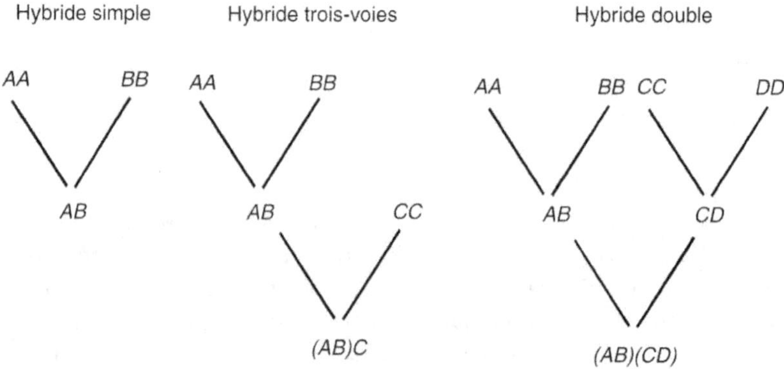


**Figure 1.3.** Les différents types de variétés hybrides entre lignées.
*AA*, *BB*, *CC* et *DD* représentent des lignées homozygotes diploïdes.

## Variétés synthétiques

Les variétés synthétiques sont des populations artificielles, résultant de la multiplication pendant un nombre déterminé de générations (trois à quatre) de la descendance de l'intercroisement naturel d'un nombre limité de constituants (souvent des clones dans le cas des plantes pérennes comme les graminées fourragères) (Figure 1.4). À la différence des variétés populations, c'est toujours la même génération qui est commercialisée. Elles seront donc en général plus stables et plus homogènes que les variétés populations. C'est le type de variétés le plus répandu chez les graminées et légumineuses fourragères allogames, chez lesquelles il n'est pas possible de développer des variétés hybrides de façon économique.

---

13. Dans cet ouvrage, si la nature de l'hybride n'est pas précisée, c'est qu'il s'agit d'hybrides simples entre lignées.

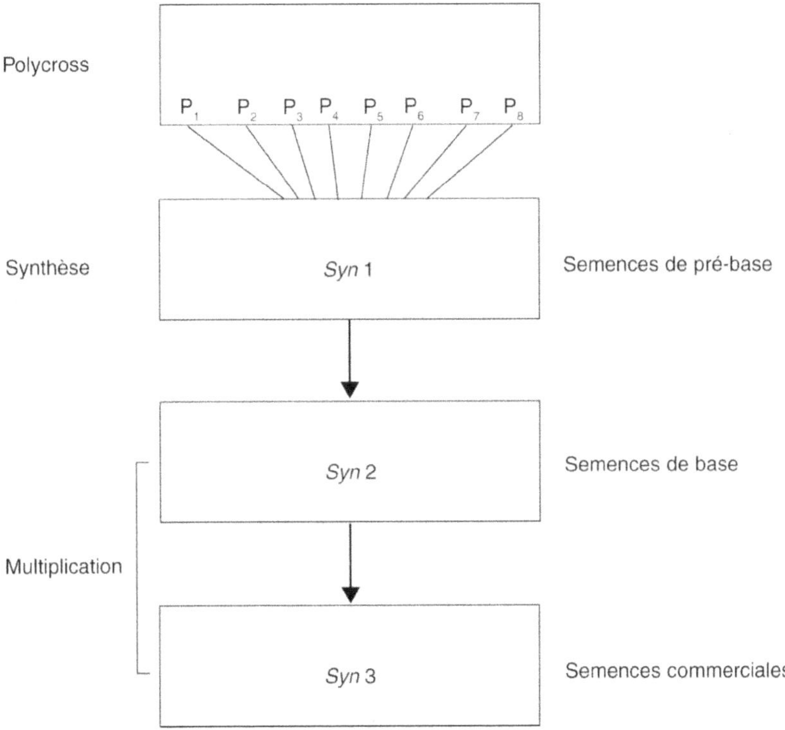


**Figure 1.4.** Schéma de production d'une variété synthétique.

L'opération d'intercroisement des constituants (les parents $P_1$, $P_2$, etc.) constitue ce que l'on appelle la synthèse et se réalise dans un dispositif appelé *polycross*. Elle donne naissance à une première génération (*Syn* 1), suivie d'un nombre limité de générations de multiplication.

## Variétés clones

Les variétés clones sont obtenues par multiplication végétative (clonage) d'un seul individu. C'est le type de variétés le plus répandu chez les plantes à multiplication végétative (pomme de terre, ail, arbres fruitiers, arbustes ornementaux...). Il faut aussi y inclure les variétés apomictiques, c'est-à-dire des variétés obtenues par multiplication apomictique (l'apomixie est l'équivalent d'une multiplication végétative sous forme de graines, qui reproduit le génotype de la plante mère, sans fécondation). Comme exemple d'espèce où des variétés apomictiques sont produites, on peut citer l'espèce *Panicum maximum* (graminée fourragère cultivée en Afrique). La création de « graines artificielles », par enrobage ou « encapsulage » d'embryons somatiques[14], serait une voie pour étendre les variétés clones même chez les espèces où l'on produit traditionnellement des lignées ou des hybrides.

---

14. Embryons obtenus à partir de culture *in vitro* de cellules, dans un milieu favorable à l'embryogenèse.

Mais cela se heurte à des difficultés importantes (problème de déshydratation des embryons et de leur mise en dormance).

## Outils de sélection

Les outils à la disposition du sélectionneur sont la sélection au sens strict[15], les systèmes de reproduction et certaines biotechnologies.

L'outil de base de l'amélioration des plantes est évidemment la sélection combinée aux systèmes de reproduction (voir p. 33) que sont la panmixie (chez les plantes allogames), l'hybridation (éventuellement après consanguinité), la consanguinité (souvent l'autofécondation) et la multiplication végétative. L'hybridation est un système de reproduction essentiel. En effet, c'est le moyen pour réunir dans un même génotype des allèles présents dans deux génotypes différents, mais aussi pour provoquer des recombinaisons entre les apports génétiques des parents. La consanguinité est un outil puissant pour bien utiliser la variabilité génétique et développer des variétés à base génétique étroite. Quant à la multiplication végétative, c'est un moyen pour reproduire à grande échelle le meilleur génotype.

Depuis la redécouverte des lois de Mendel en 1903, l'amélioration des plantes a bénéficié de découvertes en biologie, qui ont conduit à de nouveaux outils relevant des biotechnologies au sens large :
– le doublement chromosomique, qui est utilisé pour faciliter les échanges de gènes entre espèces, voire pour créer de nouvelles espèces, ou pour son effet favorable sur certains caractères (comme chez les plantes fourragères) (voir p. 79) ;
– la culture *in vitro*, qui permet en particulier le sauvetage d'embryons[16], l'accélération des générations et la reproduction à l'identique d'un génotype (micropropagation) ;
– l'haplodiploïdisation, qui permet d'obtenir rapidement des individus complètement homozygotes à partir des apports gamétiques mâles ou femelles d'une plante hétérozygote (voir p. 99) ;
– la fusion de protoplastes (cellules végétales sans leur paroi cellulosique), qui permet des échanges d'organites cytoplasmiques entre cellules ou le changement de contexte cytoplasmique d'un noyau (voir p. 109) ;
– la mutagenèse au sens strict (c'est-à-dire au niveau des gènes), qui peut induire une variabilité génétique nouvelle (voir p. 129) ;
– le marquage moléculaire, qui fournit de véritables étiquettes placées en grand nombre sur la chaîne d'ADN et permet de « diriger » l'accumulation d'allèles favorables dans un même génotype (sélection assistée par marqueurs) (voir p. 121) ;
– et aujourd'hui la transgénèse, qui apporte aussi, comme la mutagenèse, une nouvelle variabilité génétique et peut accélérer le transfert de gènes dans un génome (voir p. 137).

---

15. C'est-à-dire le choix de certaines plantes. Au sens large, la sélection recouvre tout le processus d'amélioration.
16. Les embryons issus de croisements entre deux espèces assez distantes ne sont généralement pas viables si on les laisse se développer naturellement.

Enfin, il y a un espoir d'agir sur le taux de recombinaison au niveau d'un génome, ce qui permettra, au moment de la méiose, de recombiner plus facilement des allèles favorables à des locus assez proches[17].

Certains de ces outils permettent de générer une nouvelle variabilité génétique au sein du matériel amélioré ; ce sont le doublement chromosomique, les croisements interspécifiques, la mutagenèse et la transgénèse. D'autres, comme l'haplodiploïdisation et les marqueurs moléculaires, permettent de mieux exploiter la variabilité génétique existante, voire d'accélérer le processus de sélection (voir ci-dessous).

## Principe des méthodes de sélection pour les caractères complexes

### L'amélioration des plantes est du génie génétique

D'un point de vue génétique, l'amélioration des plantes correspond à l'ensemble des opérations qui permettent de passer d'un groupe d'individus, n'ayant pas certaines caractéristiques au niveau souhaité, à un nouveau groupe plus reproductible, la variété, apportant un progrès. Pour cela le sélectionneur met en œuvre la sélection et les différents outils à sa disposition. Comme toute méthode de sélection et de création de variétés consiste à exploiter la variabilité génétique présente dans un matériel de départ, la réponse à la sélection dépend d'abord de la variation présente dans ce matériel, d'où l'importance de réunir des ressources génétiques variées avant tout programme de sélection (Photo 3). Cet aspect essentiel n'est pas abordé dans cet ouvrage, bien que nous considérions certains outils, comme la mutagenèse et la transgénèse, susceptibles d'augmenter la variation génétique disponible.

À partir d'une variabilité génétique donnée, le but d'une méthode de sélection et de création de variétés est alors de réunir dans un même individu, ou un groupe d'individus, la variété, le maximum d'allèles favorables. Fondamentalement l'amélioration des plantes est du génie génétique (Figure 1.5). Le problème est que les allèles favorables, très nombreux pour un caractère quantitatif, sont dispersés dans différents individus (Figure 1.6). Pour les réunir dans un même individu, le principe est de faire appel au croisement d'individus complémentaires pour leurs apports génétiques et à la sélection des meilleurs individus dans les descendances de tels croisements. C'est la méiose au niveau de la $F_1$ du croisement entre individus complémentaires pour leurs apports génétiques qui provoque des recombinaisons : il en résulte des individus transgressifs[18] qui peuvent alors être sélectionnés. Mais, compte tenu du grand nombre de recombinaisons à réaliser, du pouvoir

---

17. Aujourd'hui, on sait augmenter le taux de recombinaison dans des zones ciblées du génome, mais on ne sait pas provoquer une augmentation générale du taux de recombinaison au niveau du génome. Il y a une régulation forte du nombre de crossing-overs par méiose et toute augmentation dans une zone chromosomique se traduit par une diminution en dehors de cette zone.

18. Dont la valeur génétique est en dehors de l'intervalle de variation des deux parents.

recombinant limité de la méiose[19] et de la présence des différents allèles favorables dans différents génotypes, il faut accumuler beaucoup de cycles de sélection suivie de croisement pour tendre vers l'objectif poursuivi. L'augmentation du taux de recombinaison au cours d'une méiose faciliterait les échanges d'allèles et les ruptures de liaisons entre un allèle favorable à un locus et un allèle défavorable à un autre locus.

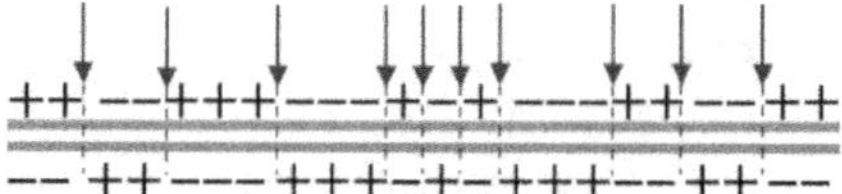

**Figure 1.5.** L'amélioration des plantes vue comme du génie génétique.

Pour réunir dans un même génotype le maximum d'allèles favorables (+), il faut pouvoir éliminer les allèles défavorables (-) et les remplacer par des allèles favorables. Compte tenu du grand nombre de gènes en cause pour des caractères complexes, le sélectionneur a recours au croisement et à la sélection. Chez un génotype hétérozygote, cela demande l'intervention de nombreuses recombinaisons entre deux chromosomes homologues (crossing-overs), qui devraient être placées comme l'indiquent les flèches. Comme les crossing-overs sont en nombre limité sur un chromosome (1 à 3 en moyenne à chaque méiose) et se produisent plus ou moins au hasard, l'association des allèles favorables dans un même génotype ne peut être que progressive. L'amélioration des plantes pour des caractères complexes est une œuvre de longue haleine.

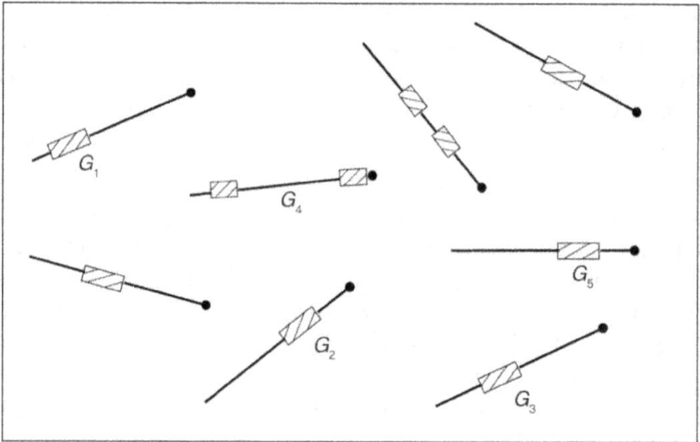


**Figure 1.6.** Représentation simplifiée de la dispersion des allèles favorables dans une population, pour un caractère complexe.

Un trait représente le génome et les rectangles les allèles favorables portés par chaque génotype. Ces allèles sont dispersés dans différents génotypes $G_i$. Pour pouvoir les accumuler dans un même génotype, il faut avoir recours au croisement suivi de sélection (par exemple, $G_1 \times G_2$, $G_3 \times G_5$) et recommencer, car dans les descendants de ces premiers croisements, il sera impossible d'avoir réuni dans un même génotype tous les allèles favorables. Il faudra donc faire de nouveaux croisements, par exemple, croiser les meilleurs descendants de $G_1 \times G_2$ avec les meilleurs descendants de $G_3 \times G_5$, etc.

---

19. Il y a seulement de un à trois crossing-overs par chromosome à chaque méiose.

Dans cette démarche générale se posent cependant différents problèmes qui limitent l'efficacité de la sélection :

– il faut pouvoir apprécier la valeur génétique des plantes ; or le degré de correspondance entre la valeur phénotypique, ce qui se mesure, et la valeur génotypique peut être très affecté par le milieu, d'où des erreurs de sélection qui limitent l'efficacité[20]. La solution à ce problème se trouve dans les dispositifs expérimentaux, avec des répétitions (voir p. 70) ; nous verrons aussi que les marqueurs moléculaires apportent aujourd'hui une solution (voir p. 123) ;

– l'intensité de sélection ne doit pas être trop forte sinon, même si les allèles favorables étaient tous identifiés, compte tenu de leur grand nombre, il y aura perte d'allèles favorables présents chez des individus d'assez faible valeur. Ce problème est résolu en partie par l'organisation de la sélection : il faut appliquer une forte intensité de sélection pour la création variétale à court terme et une faible intensité de sélection pour la réponse à long terme (Gallais, 2011). Mais de toute façon il y aura perte de variabilité génétique présentant un intérêt pour le sélectionneur ; un des objectifs de la stratégie de la sélection est de la limiter ;

– les individus sélectionnés doivent être croisés selon un plan qui permettra de cumuler, à plus ou moins long terme, le maximum d'allèles favorables dans la variété. Cela nécessite d'optimiser les plans de croisements d'individus complémentaires, ce qui n'est pas évident sans l'identification des gènes ; ce point commence seulement aujourd'hui à trouver une solution, avec l'utilisation des marqueurs très liés aux gènes et le développement d'une sélection basée sur le génotype (voir p. 128). Auparavant, les croisements entre les meilleurs parents se faisaient (et se font encore assez fréquemment) sur la base de leur complémentarité phénotypique ou génétique, en tenant compte de leur distance génétique (origine différente).

## Place des outils à la disposition du sélectionneur

Le matériel de départ peut être représenté par des plantes plus ou moins hétérozygotes issues de populations naturelles ou synthétiques, comme chez les plantes allogames, mais il peut s'agir aussi de matériel résultant du croisement de deux lignées. Dans tous les cas, il y a une variabilité « potentielle », liée à l'état hétérozygote, créée par le croisement, qui peut être transformée en variabilité utilisable par le sélectionneur, par l'application de systèmes de reproduction en consanguinité, comme l'autofécondation et l'haplodiploïdisation (Figure 1.7). Cette variabilité génétique peut alors être exploitée directement pour la création variétale ou pour recréer par croisement une nouvelle variabilité potentielle afin d'associer plus d'allèles favorables dans un même génotype. C'est dans ce passage de la variabilité potentielle à la variabilité libre qu'il faut situer les outils permettant d'augmenter le taux de recombinaison au niveau global du génome, afin de faciliter les échanges d'allèles favorables issus de parents différents. Tous les autres outils présentés précédemment trouvent naturellement leur place dans ce schéma de l'organisation de la sélection et de la création de variétés.

---

20. La valeur phénotypique est égale à la valeur génotypique plus un effet aléatoire du milieu. Le degré de correspondance entre la valeur phénotypique et la valeur génotypique est appelé héritabilité.

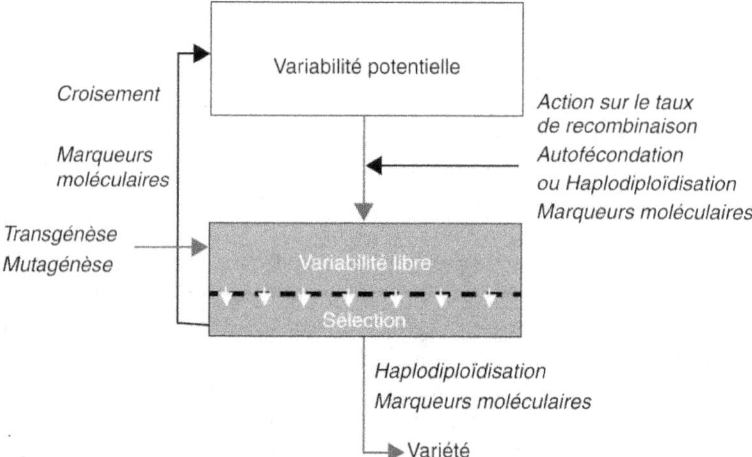


**Figure 1.7.** Variabilité potentielle et variabilité libre.

Tout individu hétérozygote, issu de croisement entre plantes non apparentées, renferme une variabilité génétique potentielle, qui peut être libérée par croisement ou, de façon plus efficace, par consanguinité. Par sélection, il est alors possible d'aller vers la création de variétés ou de recréer une variabilité potentielle par croisement, afin de recombiner les apports génétiques favorables des plantes sélectionnées. Les différents outils de l'amélioration des plantes peuvent être placés dans ce schéma.

Concernant l'exploitation de la variabilité génétique les marqueurs moléculaires peuvent beaucoup apporter. Nous verrons qu'ils permettent, en effet, à travers la lecture du génotype, une prédiction de la valeur génotypique, sans même que les génotypes soient évalués au niveau agronomique. Mais les marqueurs moléculaires sont aussi un outil puissant pour augmenter l'efficacité du croisement à recréer une variabilité potentielle. Ils permettent, en effet, d'identifier des plantes complémentaires dans leurs apports génétiques, puis de repérer les transgressions favorables dans la descendance obtenue après leur croisement. Nous verrons qu'il en résulte un gain de temps avec une meilleure utilisation de la variabilité génétique (Chapitre 5).

À noter que la multiplication végétative est un outil très puissant pour exploiter la variabilité génétique au niveau de la création de variétés. La possibilité de reproduire à grande échelle n'importe quel génotype, pour n'importe quelle espèce, apporterait un gain important dans l'efficacité des méthodes de sélection et de création de variétés. Malheureusement, même si les techniques de micropropagation ont fait de grands progrès, la possibilité de reproduire à grande échelle n'importe quel génotype par la voie de « graines artificielles », pour n'importe quelle espèce, n'est pas pour demain. La création de variétés clones est donc réservée, encore aujourd'hui, aux espèces où la multiplication végétative est facile.

Un aspect important de la création variétale est celui de sa récurrence (Figure 1.8). Le nombre de gènes en cause pour un caractère quantitatif comme le rendement est très grand ; de plus, il faut souvent améliorer simultanément plusieurs caractères, comme la productivité, la qualité ou l'adaptation au milieu. Nous avons déjà souligné que les allèles favorables, très nombreux, ne peuvent pas être tous réunis en un seul cycle de création variétale dans une même variété ; il faut donc enchaîner de nombreux cycles de sélection pour arriver à ce but (Figure 1.8). Les méthodes de sélection sont donc, par essence, récurrentes, au sens où le matériel de sortie d'un cycle sert de matériel de départ au cycle suivant. Cette récurrence est un outil puissant pour améliorer les plantes pour des caractères complexes. Nous avons vu que la domestication elle-même peut être vue comme un système de sélection récurrente pratiquée par l'agriculteur.

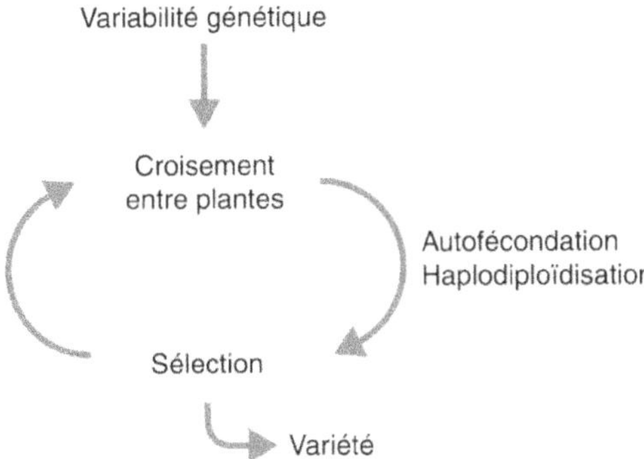


**Figure 1.8.** La récurrence en amélioration des plantes.

Un cycle de sélection est formé par des ensembles de croisements suivis ou non d'autofécondation avant l'évaluation du matériel et la sélection. Cette sélection peut conduire à la création de variétés ou à du matériel utilisé dans le cycle suivant comme matériel de départ. Pour réunir dans un même génotype de nombreux allèles favorables, il faut accumuler un grand nombre de cycles de sélection.

Comme il faut apporter le progrès génétique le plus rapidement possible à l'utilisateur, la durée d'un cycle de cette sélection récurrente est un facteur important à considérer. L'haplodiploïdisation et les marqueurs moléculaires sont des outils génétiques qui permettent de gagner du temps, mais la simple accélération des générations, quand elle est possible, peut aussi contribuer à augmenter le progrès génétique par unité de temps.

## Évolution des méthodes de sélection

La première forme de sélection utilisée par le sélectionneur a été basée sur ce qui se voit au champ (la résistance aux maladies, la précocité, la morphologie…). On peut même dire qu'elle a commencé avec la domestication. Bien avant le développement d'une sélection organisée, les agriculteurs d'un village ou de villages voisins ont échangé des semences entre eux. Dans ces échanges, les populations végétales ayant certains caractères d'adaptation aux conditions environnementales ou à leur condition d'utilisation ont été favorisées ; ces populations ont sans doute été plus ou moins le résultat d'une sélection intrapopulation sur différents caractères, avec semis des graines des plantes donnant satisfaction. Mais il a fallu attendre le

XIXe siècle, avec les travaux de Vilmorin, pour voir le début de la sélection intra-population organisée et le développement de la sélection généalogique basée sur l'étude de descendances de plantes.

La découverte des lois de Mendel a permis de donner à la sélection une base génétique, mais elle ne l'a pas révolutionnée. Pendant environ un siècle, la sélection est restée essentiellement basée sur une évaluation au champ de plantes et de familles, en conditions normales de culture. Il s'agit d'une sélection sans identification du génotype des individus ; nous disons dans ce qui suit qu'elle est phénotypique (Chapitre 2). La connaissance des lois de la génétique a cependant permis le développement de la méthode de transfert d'un gène majeur[21] d'un génotype dans un autre, malgré une évaluation « seulement » phénotypique (voir p. 65). Cette méthode est un début de sélection génotypique, mais la sélection basée sur le génotype ne s'est vraiment développée qu'à partir de la découverte des possibilités du marquage dense du génome (voir p. 128).

*Dans ce qui suit, nous présentons d'abord la démarche de la sélection phénotypique, qui vise à concentrer de façon statistique le maximum d'allèles favorables dans une variété. Puis nous verrons différents outils qui permettent de mieux exploiter la variabilité génétique disponible au niveau intra- et interspécifique, pour terminer avec deux outils permettant la création d'une nouvelle variabilité génétique.*

---

21. À effets forts sur le phénotype.

# 2

# Outils et méthodes de la sélection phénotypique

*La sélection phénotypique est une sélection basée sur l'évaluation du phénotype des plantes ou de leurs descendances en autofécondation ou en croisement, souvent dans les conditions de culture normales, au champ, sans identification des génotypes et sans intervention d'outils agissant directement au niveau du génome ou du gène ou relevant de la biologie moléculaire. C'est par cette sélection purement phénotypique que l'amélioration dirigée des plantes a commencé. Les outils de la sélection phénotypique sont de trois grands types : la sélection au sens strict, les systèmes de reproduction, qui modifient les arrangements génétiques et peuvent affecter la valeur moyenne et la variation génétique d'une population, et l'évaluation phénotypique, qui comprend les dispositifs expérimentaux et le traitement de l'information recueillie. Nous nous limitons dans ce chapitre à une présentation simplifiée des méthodes et à leur justification ; le but est de montrer comment elles contribuent à élaborer la meilleure variété possible. Le lecteur qui voudrait approfondir les démarches ou les méthodes présentées pourra consulter notre ouvrage* Méthodes de création de variétés en amélioration des plantes *(Gallais, 2011).*

## Effet des systèmes de reproduction sur la valeur moyenne et la variation génétique d'une population

Les systèmes de reproduction à la disposition du sélectionneur sont essentiellement de trois grands types :
– la multiplication en fécondation croisée (la panmixie) ;
– la consanguinité ;
– l'hybridation après la consanguinité.

Ces différents systèmes de reproduction permettent de modifier les arrangements des allèles et peuvent augmenter ou diminuer la valeur moyenne et la variation génétique des caractères quantitatifs d'une population. L'augmentation de la variation génétique par l'utilisation de certains systèmes de reproduction est particulièrement importante à considérer car la sélection est d'autant plus efficace que la variation génétique est grande. En d'autres termes, l'augmentation de la variation génétique utilisable par la sélection permet d'exploiter au mieux les ressources génétiques de départ.

Le matériel de départ à la disposition du sélectionneur a une structure génétique différente selon le système naturel de reproduction de l'espèce. Chez les plantes autogames, les populations sont essentiellement formées d'un ensemble de génotypes homozygotes, ou lignées. Chez les plantes allogames, les populations sont formées d'un mélange de génotypes plus ou moins hétérozygotes, qui se reproduisent entre eux. C'est à partir de tels matériels que nous allons voir sommairement l'effet des différents systèmes de reproduction sur la moyenne et la variation génétique d'une population.

## Effet de la panmixie sur la valeur moyenne et la variation génétique

La panmixie est le système de reproduction qui est à la base du maintien des variétés populations allogames et qui est utilisé pour le développement de variétés synthétiques (voir p. 61). C'est un système « idéal » de reproduction en fécondation croisée, dans lequel les gamètes mâles et femelles s'unissent au hasard. Il suppose l'absence de sélection, à la fois au niveau des individus qui produisent ces gamètes et au niveau des gamètes. Avec ces hypothèses, et si on y ajoute l'absence de mutations géniques[22] et un effectif très grand, la structure génotypique d'équilibre à un locus (c'est-à-dire correspondant à l'association au hasard des allèles) est atteinte dès la première génération de multiplication (voir Annexe). Les générations suivantes régénèrent exactement les mêmes génotypes à un locus, avec les mêmes probabilités.

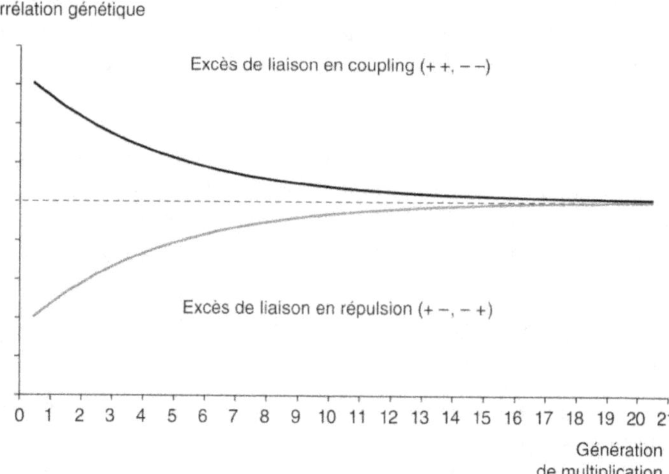


**Figure 2.1.** Effet de la multiplication en panmixie sur la fréquence des gamètes, la variance d'un caractère ou la corrélation entre deux caractères, selon le déséquilibre de liaison au départ.

Cette représentation considère deux populations qui ont les mêmes fréquences des gènes aux différents locus, mais des fréquences d'associations de gènes non allèles différentes au départ, soit avec un excès de liaisons en coupling (+ +, − −), soit un excès de liaisons en répulsion (+ − ou − +). À l'équilibre, les deux populations atteignent les mêmes valeurs.

---

22. Changement au niveau d'un allèle dans la séquence des bases de l'ADN conduisant à un nouvel allèle, qui peut se produire naturellement, avec une fréquence assez faible.

Considérons un caractère complexe, contrôlé par un grand nombre de locus, avec à chaque locus des allèles favorables (+) ou des allèles défavorables (–). Dans une population quelconque se reproduisant en fécondation croisée, du fait de la non-association au hasard des allèles, au niveau des paires de locus, il peut y avoir un excès d'associations + + et – – par rapport à la situation dans laquelle ces locus seraient associés au hasard ; on parle alors de liaison en coupling. Inversement, il peut y avoir un déficit de ces associations, et donc, corrélativement, un excès d'associations de type + – ou – + ; on parle d'associations en répulsion. Au cours des générations de multiplication en panmixie, les allèles aux différents locus s'associent de plus en plus au hasard. Dans le cas d'un excès de liaisons + + et – – à la génération 0, cela va conduire à une diminution de la fréquence de ces associations et à une augmentation de fréquence des associations + – et – + ; la fréquence des génotypes extrêmes + +/+ + et – –/– – diminue et il en résulte une diminution de la variance au cours des générations de multiplication. Inversement, dans le cas d'excès de liaisons + – et – + à la génération 0, il apparaît plus d'associations + + et – – ; la fréquence des génotypes extrêmes augmente, ce qui conduit à une augmentation de la variance génétique au cours des générations de multiplication (Figure 2.1).

Si un locus contrôle un caractère et l'autre locus un autre caractère, dans le cas d'un excès de liaisons + + et – – (les caractères sont plus liés positivement entre eux que ce qu'ils devraient être sur la base de l'association au hasard des gènes non allèles), la multiplication panmictique va se traduire par la diminution de la corrélation entre les deux caractères. Inversement, dans le cas d'excès de liaisons + – et – + (les caractères sont plus liés négativement entre eux que ce qu'ils devraient être sur la base de l'association au hasard des gènes non allèles), il y aura diminution de la liaison négative entre les deux caractères. À l'équilibre panmictique, avec l'association au hasard des locus, il ne restera que la corrélation due aux effets pléiotropiques[23] des gènes, dite quelquefois corrélation physiologique, impossible à rompre. Le sélectionneur doit donc se méfier des corrélations entre caractères dans une population de synthèse récente ou qui risque d'être en déséquilibre du fait de son histoire (effet de la sélection naturelle ou artificielle).

Pour plus de détails sur l'effet du déséquilibre de liaison dans les populations, voir notre ouvrage *Théorie de la sélection en amélioration des plantes* (Gallais, 1989).

En ce qui concerne la structure génotypique à plusieurs locus, les fréquences génotypiques dans une population peuvent ne pas correspondre à celles attendues sur la base de l'association au hasard des allèles aux différents locus. Ainsi à deux locus, dans une population biallélique avec les allèles $A$ et $a$ à un locus et $B$ et $b$ à l'autre locus, la fréquence $f_{AB}$ des gamètes portant les gènes $A$ et $B$ peut être différente de la fréquence attendue sur la base de l'association au hasard des allèles (soit le produit $p_A \times p_B$, $p_A$ et $p_B$ étant respectivement la fréquence de l'allèle $A$ au locus 1 et de l'allèle $B$ au locus 2). La différence entre la valeur observée et la valeur attendue définit ce qu'on appelle le déséquilibre de liaison. Multipliée en panmixie pendant plusieurs générations une population illimitée en déséquilibre de liaison tend progressivement vers l'équilibre correspondant à l'association au hasard des locus, la fréquence des gamètes devient égale au produit de la fréquence des gènes qu'elles portent (par exemple $f_{AB} = p_A \times p_B$) (Figure 2.1). À l'équilibre, la population se maintient identique à elle-même au cours des générations de multiplication en panmixie.

---

23. La pléiotropie correspond à l'effet d'un gène sur plusieurs caractères.

La multiplication panmictique d'une population en déséquilibre de liaison modifie donc l'arrangement des allèles. Au cours des générations de multiplication, en l'absence d'interactions entre locus (ou épistasie), la moyenne de la population n'est pas affectée ; en revanche, la variation génétique dans les populations peut être affectée. Ainsi, cette multiplication peut permettre de faire apparaître une variation génétique supplémentaire ou peut entraîner une diminution des corrélations génétiques (défavorables ou favorables) entre caractères dues à un déséquilibre de liaison (Encadré 2.1, Figure 2.1). C'est donc un outil qui pourrait être intéressant pour le sélectionneur afin de mieux utiliser la variabilité génétique, mais il allonge la durée d'un cycle de sélection et, de ce fait, il n'est pratiquement pas mis en œuvre dans ce but. Une stimulation générale du taux de recombinaison au niveau du génome, si elle était possible, pourrait remplacer de une à plusieurs générations de multiplication en panmixie.

## Effet de la consanguinité sur la valeur moyenne et la variation génétique

### Définition et intérêt de la consanguinité

La consanguinité est le résultat de croisements entre individus apparentés, c'est-à-dire des individus qui ont au moins un ancêtre commun. Plus les individus croisés seront apparentés, plus la consanguinité sera forte. Le niveau de consanguinité se mesure par le niveau d'homozygotie atteint, ou coefficient de consanguinité, en supposant un état hétérozygote au départ du processus. Il se définit à un locus, mais il représente aussi la proportion de locus qui sont à l'état homozygote. Une consanguinité prolongée se traduit par l'état homozygote sur l'ensemble du génome, c'est-à-dire par une lignée ou un ensemble de lignées.

L'intérêt d'un degré élevé de consanguinité, en amélioration des plantes, réside d'abord dans la création de variétés lignées, qui sont génétiquement homogènes et parfaitement reproductibles. Il est aussi intéressant pour la production d'hybrides simples (croisement entre deux lignées) qui sont ainsi parfaitement reproductibles. La consanguinité est aussi très utilisée en amélioration des plantes car elle augmente la variation génétique utilisable par le sélectionneur (transformation d'une variabilité potentielle en variabilité libre, voir p. 30), et ceci, même pour la création de variétés hybrides.

Trois systèmes de reproduction en consanguinité sont le plus souvent utilisés : l'autofécondation, qui correspond à la reproduction d'un individu avec lui-même, le croisement frère × sœur, lorsque l'autofécondation n'est pas possible, et l'haplodiploïdisation. L'haplodiploïdisation fait appel à la manipulation du nombre chromosomique ; nous en verrons les différentes techniques plus loin (voir p. 99). Schématiquement, elle revient à obtenir un individu haploïde à partir des apports gamétiques (donc haploïdes) mâles ou femelles, puis à doubler son nombre chromosomique, ce qui conduit immédiatement à un individu homozygote. C'est bien l'équivalent d'un système de reproduction en consanguinité, qui permet de passer directement d'un individu plus ou moins hétérozygote à l'ensemble des lignées homozygotes qu'il aurait été possible de dériver de cet individu par autofécondations répétées. C'est pourquoi nous l'intégrons dans les schémas de sélection phénotypique.

La consanguinité agit sur la fréquence des génotypes. Selon le degré de consanguinité, il en résulte un effet plus ou moins fort sur la moyenne et la variance génétique des populations.

### Effet de la consanguinité sur la fréquence des génotypes

À partir de l'état hétérozygote *Aa* d'une espèce diploïde (*A* et *a* étant deux allèles au locus considéré), la consanguinité répétée disjoint les allèles et, sans sélection, conduit, après un nombre de générations plus ou moins grand selon le système utilisé, aux génotypes homozygotes *AA* et *aa*. D'une façon générale, la consanguinité sans sélection ne change pas la fréquence des allèles. En revanche, elle change la fréquence des génotypes, en augmentant la fréquence des génotypes homozygotes (donc en diminuant la fréquence des génotypes hétérozygotes).

### Effet de l'autofécondation sur l'homozygotie

L'autofécondation (reproduction d'une plante avec elle-même) est le système naturel de reproduction qui conduit à la plus forte consanguinité. C'est un moyen assez puissant pour obtenir l'homozygotie. À chaque génération d'autofécondation la fréquence des hétérozygotes est divisée par deux : l'autofécondation d'un génotype *Aa* donne une ségrégation ½ *Aa* et ¼ *AA*, ¼ *aa* (Figure 2.2). Donc, en quelques générations, le résidu d'hétérozygotie est très faible : en partant d'un génotype hétérozygote *Aa*, après cinq générations d'autofécondation la fréquence des hétérozygotes n'est plus que de 0,03125 (Figure 2.3).

Dans la nature, la conséquence de ce système est que les populations de plantes autogames (blé, haricot, pois…) non sélectionnées sont essentiellement formées d'un mélange de génotypes homozygotes, c'est-à-dire un mélange de lignées.

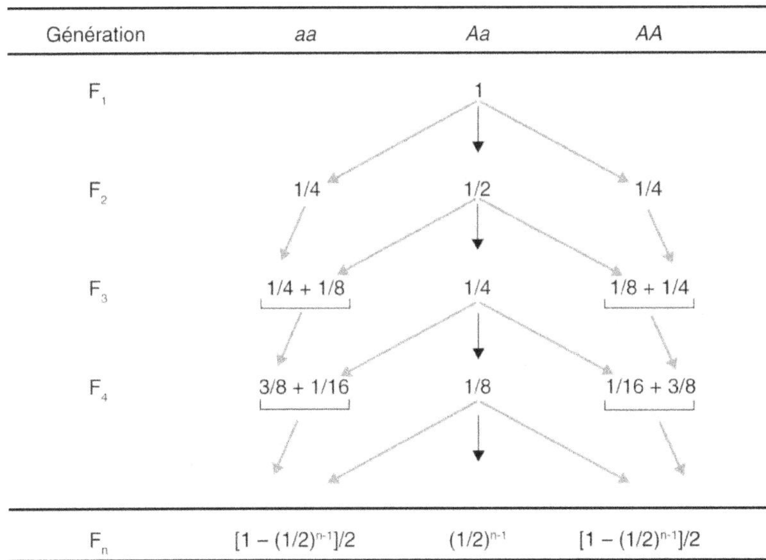



**Figure 2.2.** Effet de l'autofécondation sur la fréquence des différents génotypes.

*A* et *a* sont deux allèles possibles à un locus. À chaque génération d'autofécondation, la proportion d'hétérozygotes *Aa* est divisée par deux.

### Effet du croisement frère × sœur sur l'homozygotie

L'autofécondation n'est pas possible chez toutes les plantes ; elle ne l'est pas, par exemple, chez les plantes possédant des allèles d'auto-incompatibilité[24] (comme les choux, le trèfle blanc, le seigle…). Pour développer l'homozygotie, le sélectionneur peut alors utiliser le croisement frère × sœur. Avec ce système, le progrès vers l'homozygotie est beaucoup plus lent (Figure 2.3), environ trois fois plus lent qu'avec l'autofécondation. Ainsi, l'équivalent d'homozygotie obtenue après 6 générations d'autofécondation n'est atteint qu'au bout de 18 générations de croisement frère × sœur. Il est donc assez illusoire de créer des lignées pures avec ce système de reproduction.

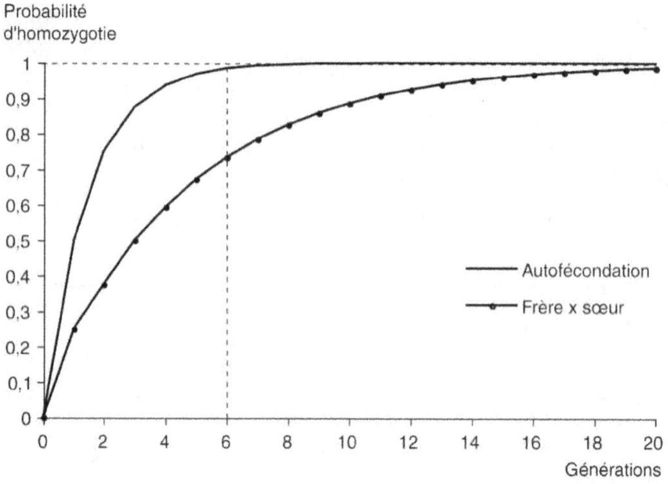


**Figure 2.3.** Évolution comparée de l'homozygotie en autofécondation et en croisement frère × sœur à partir d'un locus hétérozygote.

En croisement frère × sœur, le progrès vers l'homozygotie est environ trois fois plus lent qu'en autofécondation. À noter que la probabilité d'homozygotie à un locus est aussi la proportion de locus homozygotes sur l'ensemble du génome.

### Effet de l'haplodiploïdisation sur l'homozygotie

L'haplodiploïdisation est le système le plus rapide pour développer l'homozygotie. Elle permet aussi, en une seule génération, d'obtenir un état homozygote à 100 %, alors que dans les deux systèmes précédents il y aura toujours un certain résidu d'hétérozygotie.

---

24. Allèles qui, à un locus, empêchent l'autofécondation. Par exemple, chez le trèfle blanc, où l'auto-incompatibilité est dite gamétophytique, un grain de pollen ne peut germer sur le stigmate d'une plante que si cette plante ne porte pas cet allèle.

## Effet de la consanguinité sur la valeur moyenne d'un caractère quantitatif

Il est bien connu, chez l'Homme, les animaux et les plantes, que la consanguinité a en général un effet défavorable sur la moyenne des caractères quantitatifs, c'est ce que l'on appelle la dépression de consanguinité.

Chez les plantes, l'importance de cet effet dépend beaucoup de leur système naturel de reproduction. La dépression de consanguinité est, en effet, bien plus forte chez les espèces à fécondation croisée, dites allogames, que chez les espèces qui s'autofécondent naturellement, dites autogames. Cela s'explique essentiellement par le fait que les mutations les plus fréquentes, récessives et défavorables, qui se produisent assez régulièrement[25], peuvent se maintenir à l'état hétérozygote chez une espèce allogame, alors qu'elles sont éliminées assez rapidement chez une espèce qui s'autoféconde. Il en résulte un fardeau génétique (ensemble des gènes contrôlant des tares) beaucoup plus important chez les espèces allogames que chez les espèces autogames. L'existence de ce fardeau, à l'état hétérozygote, chez les plantes allogames explique leur plus grande sensibilité à la consanguinité.

De plus, l'effet défavorable de la consanguinité est en général plus important pour les caractères complexes, polygéniques (contrôlés par plusieurs gènes), comme le rendement en grain ou en biomasse (Figure 2.4). Cela s'explique par un effet géométrique : un caractère comme le rendement, étant le produit, au sens mathématique, de plusieurs composantes elles-mêmes affectées par la consanguinité, est nécessairement plus affecté par la consanguinité que chacune de ses composantes.

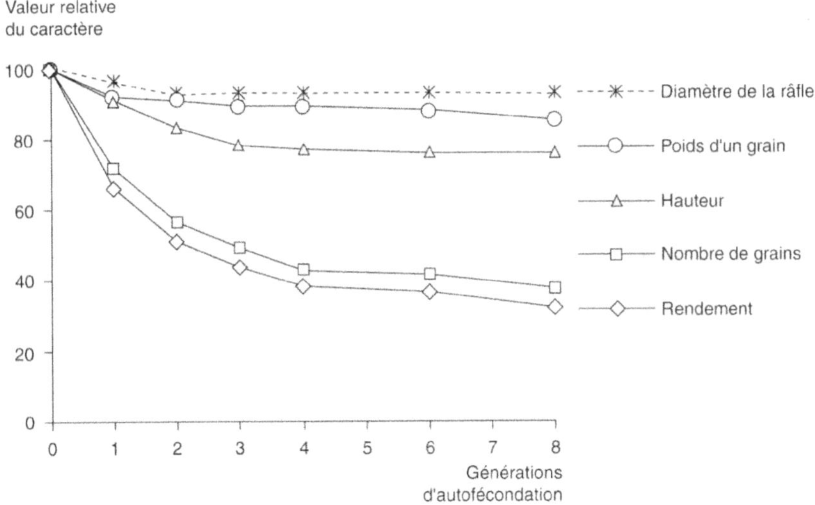


**Figure 2.4.** La dépression de consanguinité chez le maïs pour différents caractères (d'après Hallauer et Miranda, 1987).

Ce sont les caractères les plus complexes qui sont les plus affectés.

---

25. Avec un taux faible, de l'ordre de $10^{-6}$ à $10^{-5}$ par gène et par génération.

Ainsi, la surface de feuille est nécessairement plus affectée par la consanguinité que la longueur ou la largeur ; un volume serait encore plus affecté[26]. Cependant, il y a aussi une relation avec la valeur sélective (nombre de descendants d'une plante sauvage dans la nature) : ce sont les caractères les plus liés à la valeur sélective, et donc le nombre de grains et le rendement en grain, qui sont le plus affectés par la dépression de consanguinité[27]. Le poids d'un grain est en général beaucoup moins affecté que le nombre de grains. Une telle relation est le résultat de l'effet de la sélection naturelle chez les plantes à fécondation croisée (Gallais, 2009).

L'effet défavorable de la consanguinité sur la moyenne d'un caractère quantitatif est directement lié au niveau de consanguinité et à l'importance des effets de dominance[28]. Il faut cependant que la dominance soit favorable : c'est bien ce qui est souvent observé, les mutations étant souvent défavorables. Dans le cas d'additivité, c'est-à-dire lorsqu'à un locus, la valeur de l'hétérozygote est égale à la moyenne des valeurs des deux homozygotes, il n'y a pas de dépression de consanguinité.

### *Effet de la consanguinité sur la variation d'un caractère dans une population*

La consanguinité, en faisant apparaître des génotypes homozygotes, augmente la variation génétique. Elle transforme une variabilité « potentielle », présente chez les hétérozygotes, en variabilité « libre ». Ainsi, à un locus, le passage de l'état hétérozygote *Aa* à des descendants *AA* et *aa*, contribue nécessairement à augmenter la variation génétique. Cela permet en particulier de faire apparaître des allèles favorables récessifs qui étaient masqués à l'état hétérozygote. À partir d'un seul génotype $F_1$, hétérozygote pour $n$ locus, l'autofécondation prolongée, sans sélection, peut faire apparaître $2^n$ génotypes homozygotes différents (4 pour deux locus, 8 pour trois locus, 1 024 pour seulement dix locus…).

## Effets de l'hybridation après consanguinité sur la valeur moyenne et la variation génétique

Pour une population de lignées dérivée d'une population panmictique l'hybridation au hasard est équivalente à une reproduction en panmixie. En effet, en partant d'un grand nombre de lignées, la population de gamètes qu'elles donnent est la même que celle donnée par la population de départ ; donc, s'il n'y a pas eu sélection dans l'obtention des lignées, la réalisation de tous les croisements deux à deux entre lignées conduit à reconstituer la population de départ avec les mêmes fréquences de génotypes à chacun des locus. Si la population de départ est en

---

26. Si une dimension est réduite de 20 % par la consanguinité, la surface d'un carré est réduite de 36 % et le volume d'un cube est réduit de 49 %.

27. De même, chez les oiseaux, la fertilité est le caractère le plus affecté par la consanguinité.

28. À un locus, un allèle *A* est dit complètement dominant sur son allèle *a* si la valeur de l'hétérozygote *Aa* est égale à la valeur de l'homozygote *AA*. Si la valeur de l'hétérozygote est comprise entre les valeurs des deux homozygotes, on parle de dominance partielle. Si c'est l'allèle favorable qui est dominant, on parle de dominance favorable (voir Annexe).

équilibre de liaison, on reconstitue les génotypes à plusieurs locus, avec la même fréquence. C'est une méthode permettant de reproduire en plusieurs exemplaires les génotypes présents dans une population, sans faire appel au clonage.

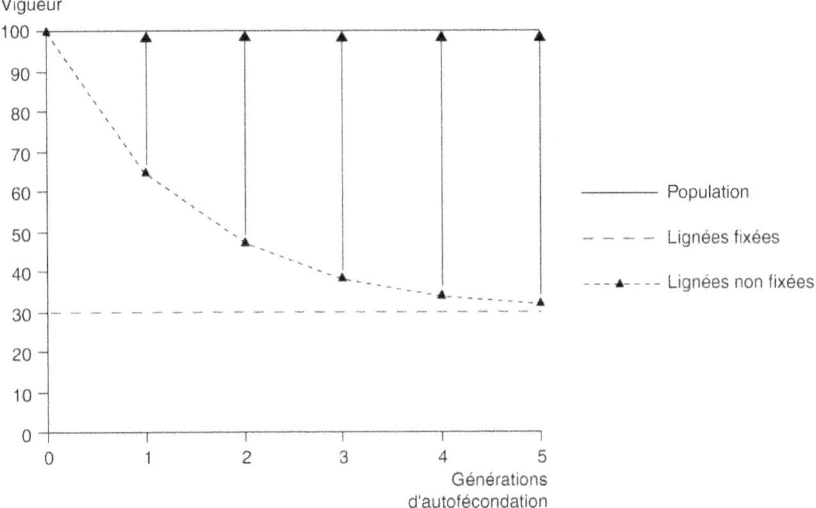


**Figure 2.5.** Effets de l'autofécondation et de l'hybridation après consanguinité sur la valeur moyenne d'un caractère quantitatif.

L'autofécondation pratiquée pour produire des lignées se traduit par une perte de vigueur par rapport à la valeur de la population panmictique d'origine ; cette perte de vigueur, due à la consanguinité, est d'autant plus forte que le nombre de générations d'autofécondation est élevé. Inversement, le recours à l'hybridation de lignées partiellement fixées (après une à quatre générations d'autofécondation) ou complétement fixées (après cinq générations d'autofécondation au moins) permet, par le phénomène d'hétérosis, de retrouver immédiatement la vigueur moyenne de la population de départ, à condition qu'il n'y ait pas eu de sélection pendant la phase d'obtention des lignées. Les flèches représentent ce gain en vigueur dû à l'hybridation des familles plus ou moins consanguines.

La conséquence de l'hybridation, pour un caractère quantitatif, est la suppression de la dépression de consanguinité : la valeur moyenne de tous les hybrides entre lignées issues d'une population panmictique est égale à la valeur moyenne de la population panmictique de départ (Figure 2.5). En prenant deux lignées quelconques (non apparentées), leur $F_1$ sera en général supérieure à la moyenne des parents. Ce gain de vigueur est appelé hétérosis (Photos 7 à 9). Ce phénomène est le corollaire de la dépression de consanguinité et il s'explique par les mêmes mécanismes. Il est directement lié au degré d'hétérozygotie et résulte de la complémentation entre les apports génétiques des deux parents. Il peut s'agir de complémentation entre locus pour des allèles dominants favorables[29] (qui masquent les récessifs défavorables, les tares) ou

---

29. Mécanisme qui inclut aussi les interactions entre gènes non homologues (épistasie).

de complémentation intralocus, entre allèles. Le premier mécanisme est celui de la dominance ; le second mécanisme est celui de la superdominance (voir Annexe).

Pour le sélectionneur de variétés hybrides, l'utilisation de la consanguinité présente l'avantage d'augmenter la variation entre variétés hybrides. Ce système de « consanguinité suivie d'hybridation » est à la base de la création des variétés hybrides (voir p. 55).

## Bilan des effets des systèmes de reproduction

Les systèmes de reproduction peuvent agir sur la valeur moyenne et la variation génétique d'un caractère quantitatif, mais, sans sélection, ils ne modifient pas la fréquence des allèles. Pour un caractère quantitatif complexe, l'autofécondation « dégrade » la moyenne d'une population (et d'une $F_1$), par l'effet de consanguinité, tandis que l'hybridation après consanguinité restaure la valeur d'une population panmictique. Il n'y a donc pas de changement dans la valeur moyenne de cette population[30]. Seule la sélection à l'intérieur d'une population peut augmenter les fréquences des allèles favorables, et donc améliorer significativement la population de départ ou la valeur des variétés qui peuvent en être dérivées. En revanche, la consanguinité est un outil puissant pour augmenter la variation génétique utilisable en sélection, en particulier pour le développement de lignées ou d'hybrides.

## Modification de la fréquence génique dans les populations par la sélection

### Introduction à la sélection récurrente

Chez les plantes allogames, l'amélioration dirigée des plantes a d'abord agi au niveau des populations en modifiant la fréquence des génotypes *via* l'augmentation de la fréquence des allèles favorables. L'augmentation de la fréquence des allèles favorables dans une population panmictique se traduit par une augmentation progressive de la fréquence des génotypes favorables, c'est-à-dire ceux qui ont le plus d'allèles favorables (Encadré 2.2). Avec la sélection phénotypique, cette action est réalisée de façon « aveugle », sans que les gènes soient identifiés, en sélectionnant sur le phénotype ; la sélection des plantes ou familles avec les meilleures valeurs conduit en moyenne à retenir les plantes qui ont le plus d'allèles favorables.

Deux facteurs conditionnent l'efficacité de cette sélection : l'héritabilité, c'est à dire le degré de correspondance entre la valeur phénotypique et la valeur génotypique, et l'intensité de sélection[31]. La non-correspondance entre la valeur génétique et la

---

30. En l'absence d'effets d'interaction entre locus (absence d'épistasie) ; mais même avec de tels effets, la valeur moyenne ne sera pas très affectée.

31. L'intensité de sélection est inversement liée à la proportion de plantes sélectionnées ; une forte proportion de plantes sélectionnées correspond à une faible intensité de sélection et, inversement, une faible proportion de plantes sélectionnées correspond à une forte intensité de sélection. En fait, l'intensité de sélection est directement liée au taux d'élimination.

valeur phénotypique (cas de faible héritabilité) induit un certain brouillage dans l'évaluation des génotypes ; en effet, des individus dont le phénotype est bon n'ont pas nécessairement un bon génotype. Donc, dans une telle situation, la sélection va conduire à retenir plus d'allèles défavorables que dans une situation à forte héritabilité. De plus, si l'on sélectionne trop peu d'individus, il y aura une perte aléatoire d'allèles (phénomène appelé dérive génétique[32]). De façon plus générale, quelle que soit l'héritabilité, si l'intensité de sélection est trop forte, la sélection va conduire à éliminer les génotypes de valeur inférieure aux génotypes sélectionnés, mais porteurs d'allèles favorables. Il en résulte que si l'on veut utiliser au mieux la variabilité génétique, il faut réaliser une intensité de sélection plutôt faible et accumuler de nombreux cycles de sélection. Le progrès par cycle sera alors faible mais il sera continu à long terme. Par contre, si l'intensité de sélection est forte, alors le progrès à court terme sur la valeur de la population sera plus important, mais à moyen et long termes, le progrès sera limité par la perte d'allèles favorables. Il y a donc une opposition entre l'efficacité à court terme et l'efficacité à long terme.

Pour augmenter la recombinaison entre les apports génétiques des individus sélectionnés, compte tenu du faible nombre de crossing-overs par chromosome par méiose (de un à trois), il faut cumuler un grand nombre de cycles de « croisement suivi de sélection ». La sélection et le croisement doivent donc se réaliser sur un intervalle de temps assez court ; la consanguinité ne doit pas être utilisée après le croisement, ou de façon très limitée, ou en générations accélérées. Pour ce type de sélection au niveau des populations, avec un cycle de sélection assez court, on parle de sélection récurrente. La sélection est dite récurrente car le matériel de sortie d'un cycle sert de matériel de départ pour le cycle suivant.



La sélection récurrente conduit à une augmentation de la fréquence des allèles favorables. De cette augmentation, il résulte nécessairement une augmentation de la probabilité d'obtenir des génotypes ayant un plus grand nombre de locus favorables. En effet, supposons, pour simplifier, que la fréquence $p$ des allèles favorables soit la même à tous les locus ; avec $n$ locus en cause, dans une population obtenue par intercroisement, la probabilité du génotype homozygote pour les allèles favorables aux $n$ locus est $P = (p^2)^n$. Avec $p = 0,30$, ce qui est relativement élevé, la probabilité d'avoir un génotype homozygote seulement à cinq locus est $P \approx 10^{-5}$... Ce génotype a donc une probabilité très faible d'être extrait de la population en un cycle de sélection. En revanche, si la fréquence des allèles favorables à chaque locus est amenée à 0,70, $P$ devient de l'ordre de $3 \times 10^{-2}$, ce qui est réaliste pour le sélectionneur. Avec 50 locus, la probabilité d'obtention du génotype avec le maximum d'allèles favorables sera cependant très faible ; même avec $p = 0,70$ elle est égale à $3,2 \times 10^{-16}$. À court terme la sélection récurrente ne peut fixer qu'un nombre limité de locus par génotype sélectionné. La réunion dans un même génotype de quelques centaines, voire milliers, d'allèles favorables dispersés dans différents génotypes demandera donc un grand nombre de générations de sélection.

---

32. La dérive génétique est la perte aléatoire de gènes dans les populations d'effectifs limités, par un processus d'échantillonnage au hasard des gènes, en passant d'une génération à l'autre.

La sélection récurrente est une entreprise de longue haleine, qui peut permettre à très long terme d'approcher la valeur du meilleur génotype possible dérivable d'une population ou du croisement de deux populations. La sélection pour la teneur en huile et la teneur en protéines du grain de maïs, sur plus de 100 générations, le montre bien (Figure 2.6) (Dudley et Lambert, 2004 ; Dudley, 2007). Dans cette expérience la sélection, à l'intérieur d'une population, des épis les plus riches en huile ou en protéines a permis de multiplier par environ 2,5 la teneur en protéines et par environ 3,5 la teneur en huile. Ainsi, la teneur en protéines a tellement augmenté que le grain de maïs est pratiquement devenu un protéagineux. La sélection à long terme est donc un puissant moyen de transformation des génotypes.

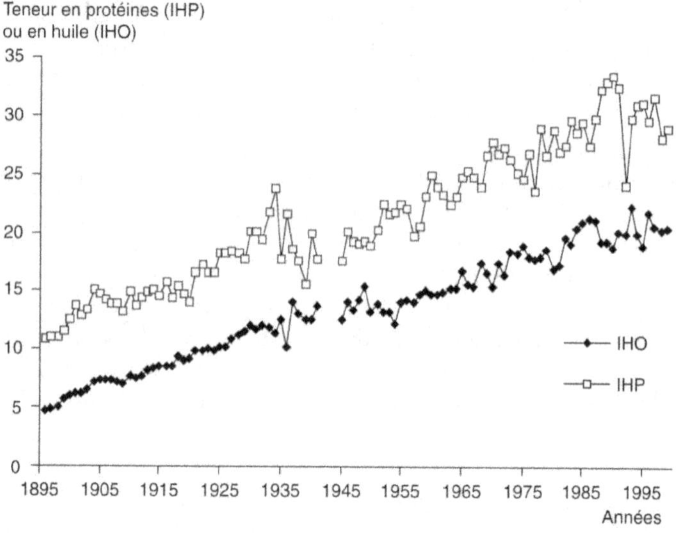



**Figure 2.6.** Résultats de 100 cycles de sélection récurrente pour la teneur en huile (IHO) et la teneur en protéines (IHP) du grain de maïs (d'après Dudley et Lambert, 2004).

## Amélioration des populations pour leur valeur propre

### Origine des variétés populations chez les plantes allogames

Les tentatives d'amélioration des populations sont sans doute très anciennes. On peut même dire que la domestication des plantes allogames au départ est une forme d'amélioration intrapopulation. En effet, au cours de la domestication, l'Homme a souvent récolté les plantes les plus productives ou ayant les caractères qu'il recherchait (non-égrenage, résistance aux maladies, type de développement, qualité du grain). Il a ressemé des grains issus de ces plantes et ainsi recommencé la sélection. Il s'agit d'une sélection récurrente, au sens précédemment introduit. Cependant, l'efficacité de cette sélection a été limitée pour les caractères quantitatifs, comme le rendement, du fait de leur faible héritabilité. En revanche, elle a permis de retenir des mutations à effets assez forts qui affectent la morphologie de la plante, son type de développement, voire la qualité du grain chez les céréales.

Ce type de sélection s'est poursuivi par la sélection massale (récolte en mélange, « en masse », des meilleures plantes, qui sont sélectionnées). Aux États-Unis, jusqu'au début du xx$^e$ siècle, elle se réalisait pour le maïs au travers de « foires aux plus beaux épis ». Les progrès de rendement en grain réalisés par ce type de sélection ont été très faibles. Cependant, ce type de sélection, souvent très locale et répétée pendant de nombreuses années, a donné naissance à des populations en général très bien adaptées à leur milieu de culture. Dans certains cas (plantes fourragères, luzerne, trèfle violet), la sélection naturelle a sans doute joué un rôle aussi fort, voire plus fort, que l'intervention de l'Homme. Nous allons maintenant évoquer une sélection massale plus organisée, se déroulant chez le sélectionneur.

### Sélection massale organisée

Avec ce schéma de sélection, dans une population obtenue par intercroisement, des plantes sont choisies pour leur phénotype, selon les critères de sélection définis en fonction des objectifs (précocité, vigueur, résistance aux maladies, composantes du rendement, rendement, qualité...). Deux situations doivent toutefois être distinguées. S'il s'agit d'une sélection pour la production de grains (cas du maïs), c'est le mélange des grains récoltés sur les meilleures plantes qui conduit à la génération suivante. S'il s'agit d'une sélection pour la production de biomasse ou de racines (cas de la betterave), les plantes sélectionnées sont intercroisées entre elles pour passer à la génération suivante.

C'est une méthode de sélection simple, peu coûteuse, permettant l'étude d'un grand nombre d'individus, et donc l'application d'une forte intensité de sélection. Elle est à cycle court (une génération, pour une plante comme le maïs) et elle est très efficace (en termes de moyens et de temps) pour les caractères très héritables (additifs et peu influencés par le milieu). En contrepartie, elle a une faible efficacité pour les caractères peu héritables, elle ne peut se faire que dans un seul milieu et elle nécessite des individus isolés (conditions différentes des conditions de culture pour de nombreuses plantes). Le bilan est en général un progrès assez faible pour les caractères complexes.

### Des schémas de sélection récurrente plus efficaces
### que la sélection massale

Chez les plantes allogames, avec le constat d'échec de la sélection massale pour l'amélioration du rendement et après les travaux de Louis de Vilmorin sur la betterave à sucre, l'introduction des tests de familles a permis d'améliorer l'efficacité de la sélection intrapopulation. Ces travaux se sont développés essentiellement sur le maïs, aux États-Unis, et sur les plantes fourragères et la betterave, en Europe scandinave. Deux grands types de méthodes de sélection récurrente ont été développés : les méthodes de sélection familiale et la sélection sur descendances.

L'une des premières méthodes de sélection récurrente développée a été la sélection familiale « un épi à la ligne » (méthode *ear to row*). Le principe est simple. Ainsi, pour les plantes allogames sélectionnées pour la production de grains, dans une population en fécondation libre, des semences sont récoltées plante à plante (il peut d'ailleurs y avoir sélection dès ce niveau, pour les caractères les plus héritables) puis, à la génération suivante, ces semences sont semées avec « une descendance par ligne ». Sur une ligne sont semées uniquement des graines issues de la même plante mère (ou du même épi, dans le cas du maïs, qui porte un seul épi par plante) ; chaque ligne représente donc une famille de demi-frères. Il est possible d'installer ces familles avec des répétitions pour mieux contrôler les effets du milieu, dans un même lieu ou dans des lieux différents. Au moment de la récolte, l'évaluation se fait d'abord par famille (les meilleures familles sont sélectionnées) puis, à l'intérieur de chacune de ces meilleures familles, les meilleures plantes peuvent être sélectionnées. Les descendances de celles-ci sont alors semées, une plante à la ligne, à la génération suivante, et ainsi de suite.

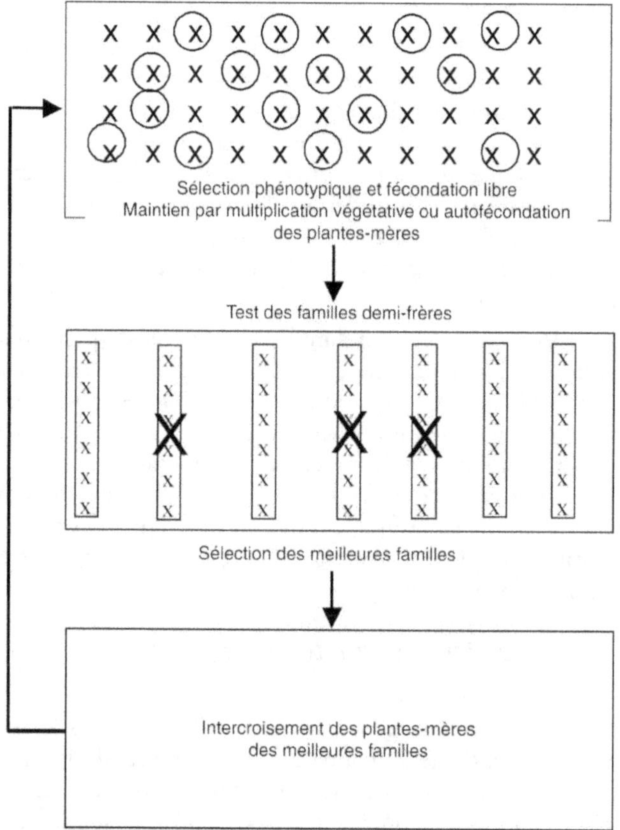


**Figure 2.7.** La sélection sur descendances demi-frères.

L'inconvénient de cette méthode de sélection familiale demi-frères est que le parent mâle n'est pas contrôlé puisque le pollen fécondant un ovule de la plante mère peut provenir de n'importe quel individu de la population. Au niveau de la famille, les apports génétiques de la plante mère sélectionnée sont donc dilués, ce qui diminue l'efficacité attendue de la sélection. Pour pallier cet inconvénient, une modification importante de la méthode consiste à repartir des plantes mères des meilleures familles et à les intercroiser entre elles pour former la génération suivante. Il faut donc prévoir la conservation des plantes mères des familles, ce qui peut se réaliser par leur multiplication végétative, si elle est possible, ou par leur autofécondation (Figure 2.7). Cette méthode est qualifiée de sélection sur descendances demi-frères. Avec cette méthode, on évalue bien ce qu'il faut améliorer : la valeur de la descendance d'une plante[33]. Un cycle de sélection avec cette méthode sur descendances est donc logiquement plus efficace qu'un cycle de sélection familiale demi-frères ; cependant, le cycle va être plus long (trois générations, au lieu d'une en sélection familiale) et le progrès génétique par unité de temps ne sera donc pas nécessairement supérieur.

Cette méthode de sélection sur descendances a été très largement utilisée en amélioration des animaux domestiques lorsqu'il s'agit d'améliorer la valeur d'une population (chez les bovins laitiers, par exemple, où l'on apprécie la valeur « laitière » d'un taureau par l'étude de la production laitière de ses filles).

## Limites de l'amélioration des populations

Alors qu'elle est largement développée chez les animaux domestiques, l'amélioration des populations ne s'est que peu développée chez les plantes, sauf chez les plantes fourragères allogames, où elle est toujours pratiquée. La principale raison de ce non-développement est sans doute la lenteur des progrès réalisés. Chez les plantes autogames, il s'ajoute à cet argument la difficulté d'intercroiser les plantes ou les familles sélectionnées, pour passer à la génération suivante. De plus, les populations constituent un matériel végétal hétérogène, avec tous les inconvénients de l'hétérogénéité génétique : impossibilité d'atteindre les performances maximales, difficultés de standardisation des techniques culturales… Nous verrons cependant que les principes de la sélection récurrente se retrouvent bien dans les méthodes actuelles de sélection. Historiquement, ce qui a conduit à ne pas développer l'amélioration des populations est la découverte très tôt, vers la fin du XIX$^e$ siècle et le début du XX$^e$ siècle, de la possibilité d'isoler et de produire à grande échelle un génotype homozygote (lignée pure chez les plantes autogames) ou un génotype hétérozygote (hybride simple chez les plantes allogames), ce qui a ouvert la voie à la création de variétés génétiquement homogènes permettant des progrès plus importants à court terme.

## Développement de variétés et récurrence de la sélection

Face aux limites de l'amélioration des populations pour leur valeur propre, l'idéal serait de pouvoir reproduire facilement le meilleur génotype d'une population améliorée. Ce serait une façon d'agir brutalement sur la fréquence d'un génotype. C'est ce qui est mis en œuvre pour les plantes à multiplication végétative où l'on isole par sélection le meilleur génotype possible d'une population améliorée (voir p. 63).

---

33. En effet, à une génération donnée, la valeur propre d'une population peut être considérée comme la moyenne des descendances en fécondation libre des plantes de la génération précédente.

Pour les plantes à reproduction sexuée, le problème se pose en des termes différents selon qu'il s'agit de plantes autogames ou de plantes allogames. Dans le premier cas, l'isolement du meilleur génotype homozygote (c'est-à-dire une lignée)
peut se faire par sélection généalogique sur la valeur en autofécondation. Dans
le second cas, les variétés hybrides simples de lignées sont un moyen d'isoler et
de reproduire le meilleur génotype d'une population ou du croisement de deux
populations (voir p. 55). Le développement de variétés hybrides n'est cependant
pas toujours possible et dans ce cas il est possible de créer des variétés synthétiques
de plantes allogames (voir p. 61).

## Autofécondation et sélection généalogique : le développement de lignées pures

### *Effet de l'autofécondation et de la sélection dans les populations autogames*

Louis de Vilmorin s'est rendu compte très tôt (en 1856), expérimentalement, que
pour apprécier la valeur d'une plante, il fallait étudier sa descendance. L'application
de ce principe au blé, plante autogame, l'a conduit à observer qu'il n'y avait plus de
réponse à la sélection à l'intérieur des descendances (en autofécondation) une fois
que les meilleures descendances avaient été sélectionnées. En effet, par la sélection
sur la valeur de la descendance en autofécondation, il extrayait de la population
les meilleures lignées qui constituaient la population. À partir d'une population
d'une espèce autogame, donc formée par un mélange de génotypes homozygotes,
la sélection individuelle est efficace au départ, car, en moyenne, elle isole des génotypes portant des allèles favorables, mais ensuite, comme les descendances de ces
génotypes homozygotes sont constituées d'individus génétiquement identiques
entre eux, il ne peut plus y avoir de réponse à la sélection.

Pour recréer une variabilité, il faut recroiser deux lignées complémentaires, autoféconder leur $F_1$ (ce qui donne la $F_2$)[34] et recommencer à sélectionner. C'est le point
de départ de la sélection généalogique, telle qu'elle est toujours pratiquée. Avec la
redécouverte des lois de Mendel, la sélection généalogique a trouvé ses bases génétiques et s'est généralisée. Depuis, chez les espèces autogames, pour des caractères
quantitatifs comme le rendement en grain, le progrès a été essentiellement réalisé
par l'exploitation de la variabilité dans des populations à base génétique étroite,
résultant du croisement de deux lignées.

Cette sélection généalogique à partir du croisement de deux lignées peut se réaliser
de deux façons, selon que la sélection a lieu pendant, ou après, la phase de fixation.

### *But de la sélection généalogique pendant la phase de fixation*

À partir du croisement entre deux lignées complémentaires, par sélection au cours
des générations d'autofécondation on espère isoler de nouvelles lignées homozygotes
transgressives ayant réuni plus d'allèles favorables que le meilleur des deux parents.
Ainsi, à deux locus, en supposant la dominance favorable, avec un génotype

---

34. En sélection généalogique à partir d'une $F_1$, une génération $n$ d'autofécondation est notée $F_{n+1}$.

$F_1$ *AaBb*[35] résultant du croisement de *AAbb* et de *aaBB*, il sera possible d'isoler, par autofécondation et sélection, le meilleur génotype *AABB* qui sera meilleur que le meilleur parent, éventuellement meilleur que la $F_1$ (dans le cas de dominance partielle) et reproductible, identique à lui-même, par autofécondation (Figure 2.8). Si les parents diffèrent par un grand nombre d'allèles, la probabilité d'obtenir un génotype homozygote avec tous les allèles favorables est très faible. Elle est d'ailleurs très faible même pour un nombre relativement limité de gènes (une dizaine).

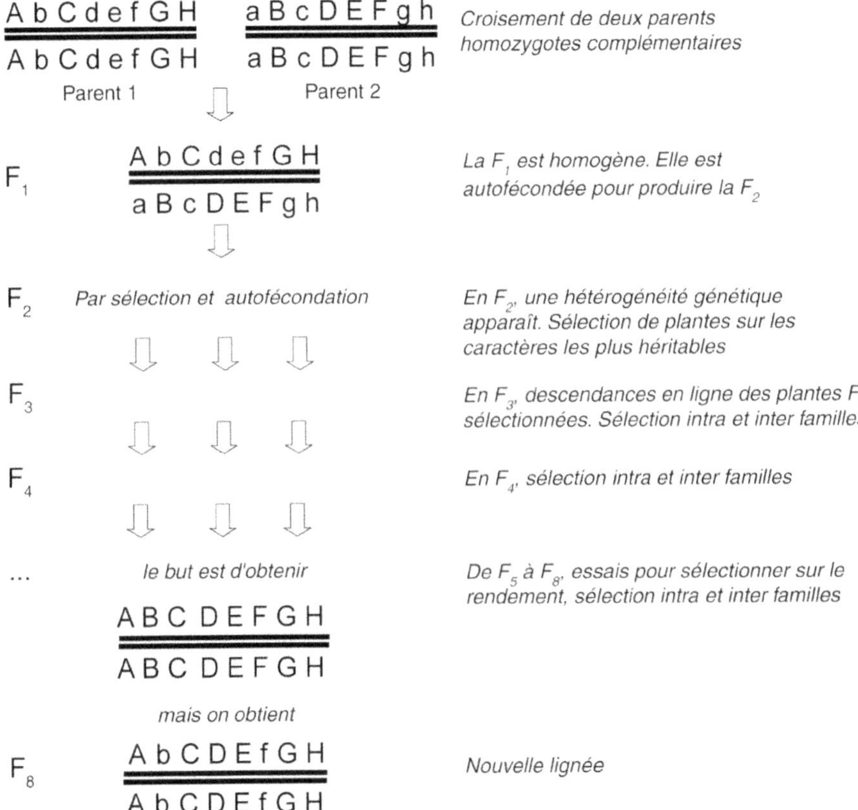


**Figure 2.8.** Principe d'un cycle de sélection généalogique avec sélection pendant la phase de fixation.

Les allèles favorables sont représentés par des majuscules, les allèles défavorables, par des minuscules. Au cours du processus de fixation et de sélection il y a perte d'allèles favorables et fixation d'allèles défavorables. Pour un caractère quantitatif contrôlé par de nombreux gènes, il faudra donc enchaîner de nombreux cycles de sélection généalogique pour arriver à fixer le maximum d'allèles favorables.

---

35. Avec les allèles *A* et *a* à un locus et *B* et *b* à un autre locus, *A* et *B* étant dominants.

Pour un caractère complexe, il y a toujours fixation d'allèles défavorables, du fait des lois du hasard, mais aussi à cause des « erreurs » de sélection, dues à une faible héritabilité, c'est-à-dire une mauvaise correspondance entre la valeur phénotypique et la valeur génotypique. Le grand nombre d'allèles favorables à réunir, leur répartition dans des génotypes différents et les « erreurs » de choix font que la fixation du maximum d'allèles favorables ne peut se faire que progressivement, d'où la continuité observée du progrès génétique, par l'enchaînement des cycles de sélection généalogique.

Dans cette méthode, la sélection dans les générations précoces porte sur des caractères peu influencés par le milieu. À partir de la $F_3$, le dispositif « un épi à la ligne » permet une meilleure évaluation de la plante mère (c'est l'équivalent d'un test de descendance). Cependant, ce n'est qu'à partir de la $F_5$ que, par la constitution de micro-parcelles, la sélection pourra porter sur les caractères moins héritables comme le rendement.

Un des inconvénients de la sélection pendant la phase de fixation est que la sélection pour des caractères complexes, comme le rendement, intervient alors qu'il y a déjà eu perte de variabilité génétique au cours des premières générations d'autofécondation par sélection sur les caractères les plus héritables. Il est, en effet, difficile de réaliser des évaluations pour le rendement avant d'avoir atteint un certain niveau de fixation. Enfin, c'est un processus long, qui dure de huit à neuf ans pour une plante annuelle.

### Sélection généalogique différée après la fixation

Pour remédier aux inconvénients de la sélection pendant la phase de fixation, trois autres modalités de sélection généalogique ont été proposées : elles consistent toutes les trois à développer l'état homozygote sans faire de sélection, puis à sélectionner au niveau des lignées ainsi obtenues (Figure 2.9).

### Sélection en bulk

Avec cette méthode, à partir de la $F_2$, on passe d'une génération à l'autre par autofécondation naturelle des plantes (chez les plantes autogames) et récolte en vrac (*bulk*, en anglais) de toutes les plantes, et ceci, jusqu'en $F_4$ ou $F_5$. À partir de cette génération, la sélection est très simple : on étudie en petites parcelles (qui peuvent être réduites à une ligne) les descendances de plantes autofécondées de la dernière génération de *bulk* ; on sélectionne les meilleures, dans lesquelles des autofécondations contrôlées sont réalisées (pour finir la fixation) et les graines de la ligne, récoltées en mélange, servent l'année suivante à réaliser des essais de rendement en parcelles plus grandes. Une deuxième année de test en parcelles doit conduire à isoler la ou les meilleures lignées.

Un inconvénient majeur de cette méthode est le risque d'une sélection naturelle défavorable au cours des générations de multiplication en *bulk*.

### Filiation monograine, ou SSD (single-seed descent)

Dans cette méthode, à partir des plantes de la $F_2$, une seule graine est prise par plante pour assurer le passage d'une génération à l'autre, et ceci, jusqu'en $F_4$ ou $F_5$, puis la sortie du schéma est identique à celle décrite pour la sélection en *bulk*.

L'avantage de ce schéma est en théorie d'assurer le maintien d'un maximum de variabilité génétique au niveau homozygote, au moment où se fera la sélection. De plus par rapport au schéma *bulk*, le contrôle des filiations à partir de la $F_2$ évite la perte de variabilité génétique au cours du processus de fixation. Cependant, il peut être difficile, voire lourd et coûteux, d'éviter de perdre des filiations.

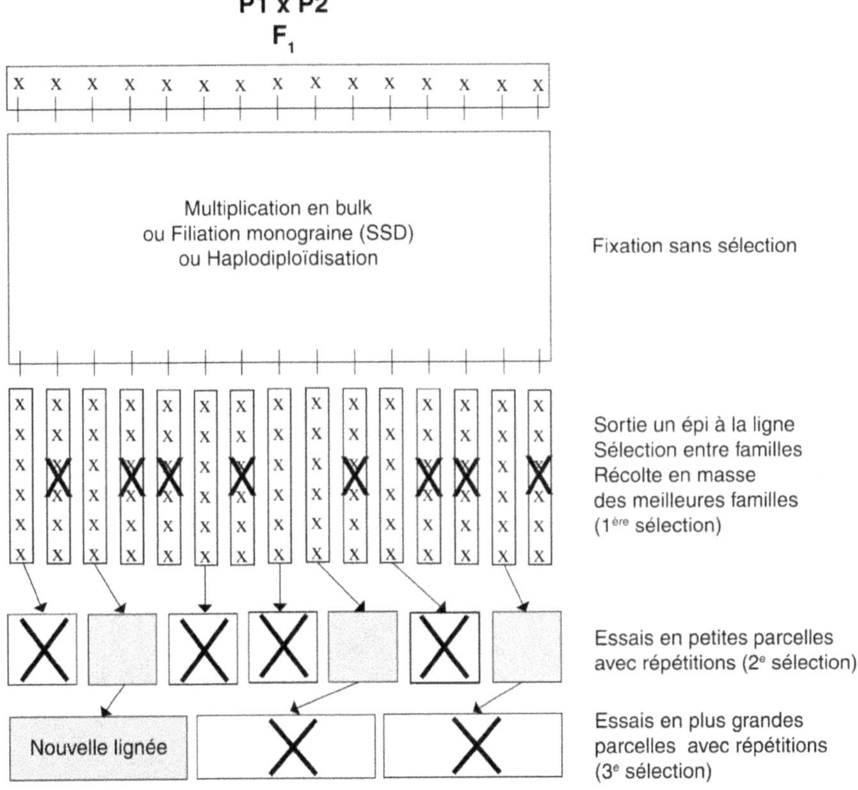


**Figure 2.9.** La sélection généalogique après la phase de fixation : méthodes des *bulks*, filiation monograine (SSD) et haplodiploïdisation.

## Haplodiploïdisation

Si l'haplodiploïdisation est bien maîtrisée (voir p. 99) c'est sans doute l'une des meilleures méthodes pour dériver les lignées sans sélection à partir d'une $F_1$. La sélection porte alors directement sur des lignées fixées ; la meilleure façon de réaliser cette sélection est d'opérer en deux ou trois étapes. La première étape correspond à un tri entre lignées sur des caractères « rédhibitoires » assez héritables (sensibilité aux maladies) dans un dispositif « un épi à la ligne », sans répétitions ; les lignées retenues sont alors étudiées l'année suivante en petites parcelles, avec répétitions, pour évaluer le rendement, et les meilleures lignées sélectionnées peuvent encore être étudiées en parcelles plus grandes et plus de lieux l'année suivante.

### Récurrence dans la création de lignées

Le sélectionneur réalise en fait un grand nombre de croisements de départ (quelques centaines). De ces croisements il extrait de nouvelles lignées, qui sont recroisées entre elles pour constituer de nouveaux départs de sélection, et ainsi de suite. (Figure 2.10). Ainsi, à l'issue de tout cycle de sélection, il est possible de « sortir » vers la création variétale et, par le recroisement des nouvelles lignées, de nouveaux croisements de départ sont constitués. Si l'haplodiploïdisation est utilisée, la sortie vers la création variétale est immédiate. On peut dire que, dans ce cas, la création de lignées devient récurrente. S'il n'est pas possible d'utiliser l'haplodiploïdisation, la constitution des croisements de départ pourra se réaliser avant la fixation totale, par exemple au niveau $F_4$, afin d'accumuler le plus possible de recombinaisons efficaces par unité de temps.

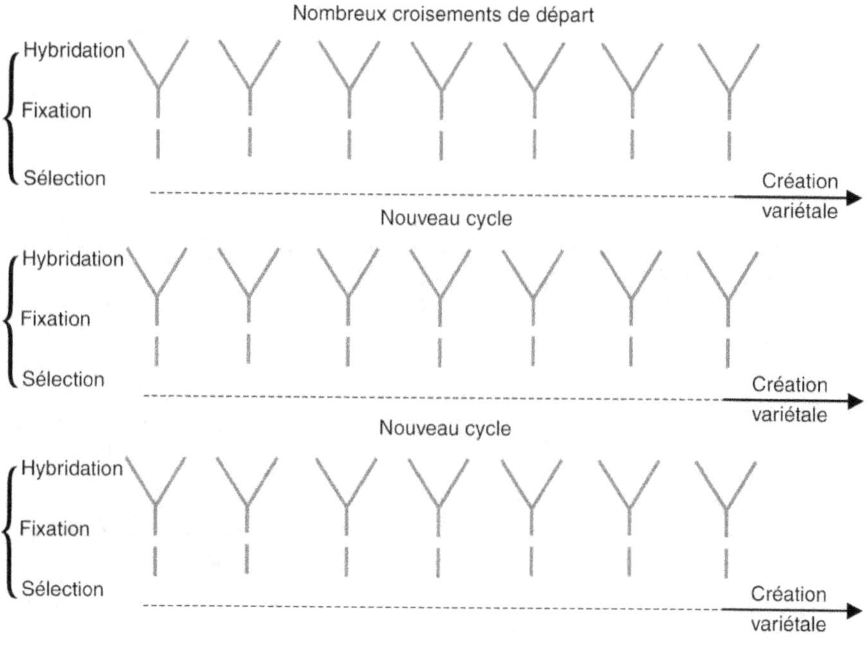


**Figure 2.10.** La récurrence dans la création de variétés lignées par accumulation de cycles courts de sélection généalogique.

La récurrence peut aussi se réaliser par l'amélioration de populations obtenues par intercroisement des plantes ou familles sélectionnées pour leur aptitude à donner de bonnes lignées, par exemple par sélection des plantes sur la base de leur valeur en autofécondation, ou par haplodiploïdisation (voir Gallais, 2011, pour une présentation détaillée de ces schémas). Chez les plantes autogames, pour lesquelles les variétés lignées sont souvent créées, ces schémas ne se sont pas développés, compte tenu de la difficulté de l'intercroisement. De plus, comme il faut intercroiser manuellement les familles sélectionnées, la différence est faible par rapport à la méthode précédente formée par l'enchaînement de cycles de sélection généalogique avec, à chaque cycle, formation d'un assez grand nombre de croisements de départ qui représentent en fait la population d'intercroisement.

Cependant, l'enchaînement de cycles courts « hybridation-fixation-sélection » risque de privilégier l'efficacité à court terme aux dépens de l'efficacité à long terme. Une solution est alors dans la gestion des croisements de départ. Des croisements de deux, voire trois, types doivent être réalisés : « lignées élites × lignées élites », « géniteurs × lignées élites » et « géniteurs × géniteurs », un géniteur étant une lignée susceptible d'apporter une source de variabilité intéressante, mais présentant quelques défauts. Les premiers types de croisements sont destinés à la création variétale, tandis que les autres sont réalisés pour récupérer de la variabilité génétique utilisable à plus long terme.

Pour les caractères quantitatifs, pour lesquels il faut réunir de nombreux allèles favorables dans une même lignée, impossibles à réunir en un seul cycle, cette récurrence permet une amélioration continue de la valeur des meilleures lignées.

## Développement de variétés hybrides entre lignées pures

### Pourquoi des variétés hybrides ?

#### Difficulté de fixer l'hétérosis

L'existence d'une grande sensibilité à la consanguinité est ce qui a d'abord justifié le développement de variétés hybrides chez les plantes allogames. Cependant, en théorie, cela dépend des effets des gènes. Si l'hétérosis s'explique par une dominance favorable[36] des gènes à chaque locus, alors il est théoriquement possible, par auto-fécondation et sélection, d'obtenir des génotypes homozygotes aussi performants que les hybrides : l'hétérosis est dit fixable (voir Annexe). Dès que le nombre de gènes en cause augmente, l'hétérosis devient pratiquement infixable. De plus, si l'hétérosis est dû à la superdominance (cas où, à un locus, l'hétérozygote $Aa$ a une valeur supérieure à celle du meilleur homozygote $AA$ ou $aa$), l'hétérosis est, par définition, infixable.

Donc, pour un caractère quantitatif, polygénique, comme le rendement en grain ou le rendement en biomasse d'un organe de la plante, l'hétérosis, quelles qu'en soient les bases génétiques, est pratiquement infixable, au moins à court terme, ce que montrent les expériences de sélection, en particulier chez les plantes allogames. Chez ces plantes, où la dépression de consanguinité est en général forte, les hybrides sont alors un moyen d'obtenir rapidement un progrès génétique important pour des caractères complexes. Dans le cas le plus fréquent de dominance favorable, ils permettent d'obtenir d'emblée un génotype $F_1$ qui a la valeur de la

---

36. C'est-à-dire avec la valeur de l'hétérozygote $Aa$ étant égale à la valeur de l'homozygote $AA$, $A$ étant dominant sur $a$.

meilleure lignée dérivable du croisement de deux parents, alors que l'obtention de cette lignée n'est pratiquement pas possible en un seul cycle de sélection généalogique. De plus, ils permettent d'utiliser le phénomène de superdominance, s'il existe à certains locus.

### L'hybride, moyen le plus rapide de réunir des gènes favorables

Même sans parler d'hétérosis, l'hybride est le moyen le plus rapide pour réunir dans un même génotype des allèles dominants favorables présents chez les parents et contrôlant des caractères monogéniques (ou oligogéniques[37]) différents. Par exemple, avec cinq allèles de résistance à des agents pathogènes, présents à cinq locus distincts chez un parent, et cinq autres allèles de résistance à d'autres agents pathogènes, présents à cinq autres locus distincts chez un autre parent, si ces dix allèles sont dominants, l'hybride aura directement la résistance aux dix agents pathogènes alors que, par autofécondation à partir de cet hybride, la probabilité d'obtenir une lignée homozygote pour la résistance aux dix locus est très faible. C'est ce qui justifie les variétés $F_1$ chez la tomate, plante autogame où il existe de nombreux gènes dominants de résistance aux maladies.

### Reproduction à l'identique d'un individu d'une population

Une population de plantes à fécondation croisée est un mélange de plantes génétiquement différentes, dont les performances individuelles (quantité de grains par épi chez le maïs) sont variables. Parmi ces plantes, l'une doit être génétiquement meilleure que les autres ; si l'on arrive à identifier ce génotype et à le reproduire à grande échelle, il constituera la meilleure variété possible issue de la population. Mais comment arriver à cela en l'absence de multiplication végétative ?

Chez le maïs, Shull, en 1908, a eu le génie pour l'époque d'assimiler chaque plante à un hybride « cryptique », résultant de la rencontre d'un gamète femelle et d'un gamète mâle de la population. Pour reproduire ce génotype, il faut avoir des sources gamétiques constantes, ne donnant qu'un type de gamètes. Pour avoir ces sources gamétiques, il « suffit » de dériver des lignées par autofécondation à partir de la population (Figure 2.11). Ces lignées étant obtenues en absence de sélection, leur croisement deux à deux reproduit les génotypes de la population, mais avec une grande différence : pour chaque hybride obtenu, il y a une certaine quantité de grains, tous de même génotype, permettant de faire des essais avec répétitions pour détecter la combinaison la plus performante (qui est de fait un hybride simple), ce qui n'était pas possible avec une seule plante. De plus, ce génotype est parfaitement reproductible si les sources gamétiques (les lignées parentes) sont conservées, ce qui est facile avec des lignées homozygotes. Cette démarche s'applique aussi au croisement de deux populations ; elle permet d'isoler et de reproduire le meilleur génotype présent dans la population hybride.

---

37. Caractères contrôlés par un faible nombre de gènes.

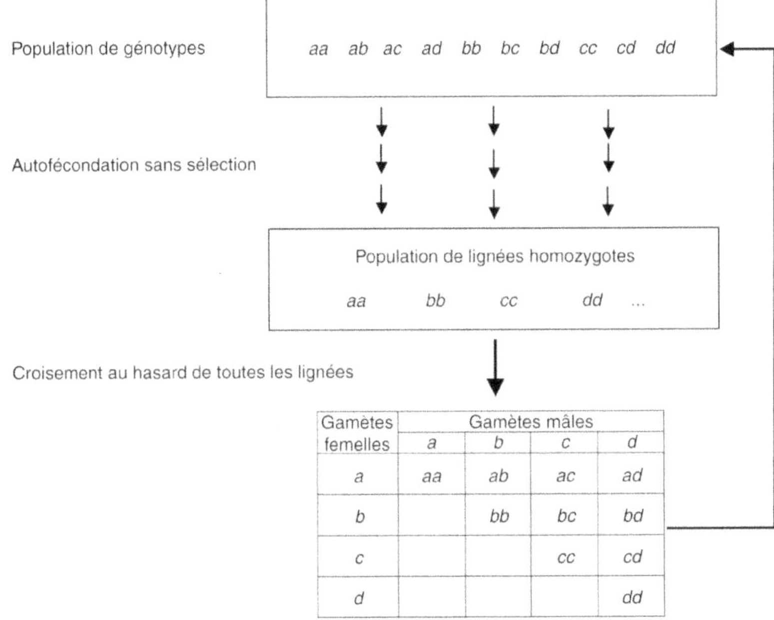


| Gamètes femelles | Gamètes mâles | | | |
|---|---|---|---|---|
| | a | b | c | d |
| a | aa | ab | ac | ad |
| b | | bb | bc | bd |
| c | | | cc | cd |
| d | | | | dd |

**Figure 2.11.** Principe de la sélection des hybrides.

Illustration de l'idée de Shull (1908), pour un locus présentant quatre allèles, *a*, *b*, *c*, *d*.

## Principe de la sélection des variétés hybrides

Après les réflexions de Shull, le principe de la sélection des hybrides apparaît simple ; il faut d'abord obtenir des lignées, puis les croiser entre elles pour produire des hybrides qui seront évalués, afin d'identifier, puis de reproduire, le meilleur d'entre eux (Figure 2.11). Cependant la mise en œuvre de ce principe est complexe. Ainsi, la sélection des parents d'hybrides simples se heurte à une difficulté majeure, à savoir le grand nombre de combinaisons à réaliser[38]. Pour réduire ce nombre, il faut un critère de sélection des lignées avant d'envisager l'étude de leurs croisements. La valeur propre des lignées est vite apparue comme insuffisante, du fait d'une relation assez faible entre la valeur des parents et leur valeur moyenne en croisement avec d'autres lignées. En fait, il n'y a pas d'autres solutions que d'évaluer directement la valeur moyenne des hybrides que peuvent donner chaque lignée. Cette valeur, appelée aptitude générale à la combinaison, est assez facile à évaluer. En effet, pour produire les descendances à évaluer, il suffit de polliniser chaque lignée d'une population avec le pollen de cette population : c'est le test *top-cross* (on dit

---

38. Avec seulement 100 lignées d'une population A, croisées avec 100 lignées d'une population B, cela conduit à 10 000 hybrides interpopulation (c'est-à-dire du type lignée A × lignée B), ce qui est pratiquement impossible à réaliser (surtout du point de vue de l'évaluation).

que la population est prise comme testeur). On peut alors sélectionner les lignées donnant les meilleures descendances et restreindre l'étude des combinaisons deux à deux aux lignées sélectionnées.

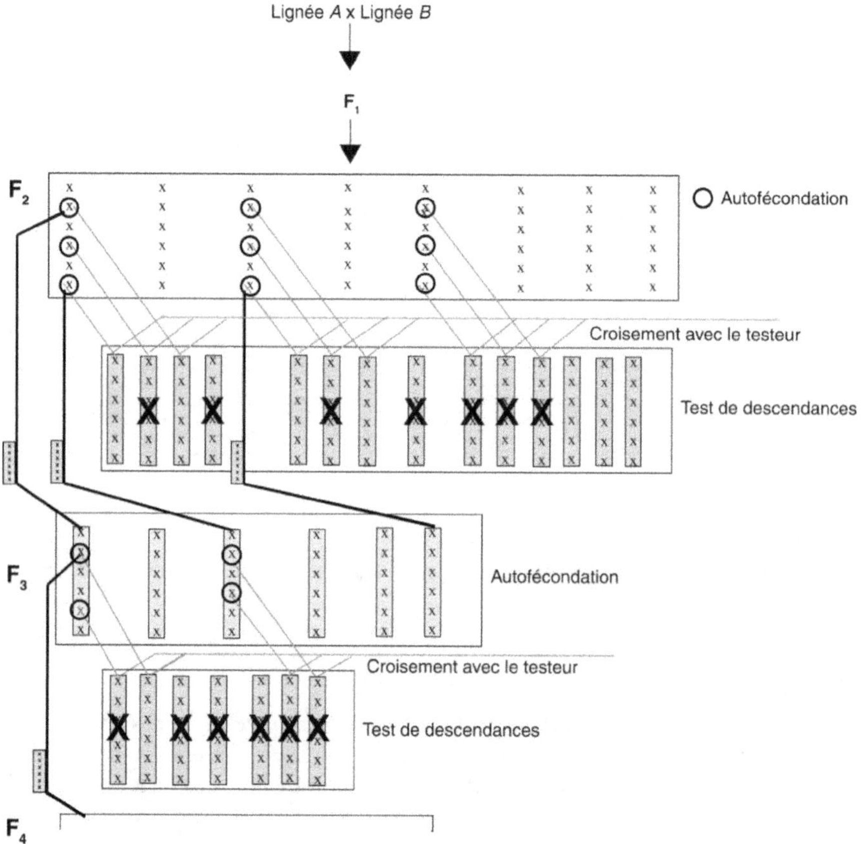


**Figure 2.12.** La sélection généalogique pour la valeur en combinaison avec un testeur.

L'existence d'un écart entre la valeur observée d'un croisement et sa valeur prévue sur la base de l'aptitude générale à la combinaison (écart appelé aptitude spécifique à la combinaison) complique le travail du sélectionneur. Il n'est, en effet, pas envisageable de réaliser toutes les combinaisons deux à deux d'un grand nombre de lignées. Une façon de résoudre le problème, sans hypothèse sur les effets génétiques, est de prendre deux populations très complémentaires, A et B, et de développer des hybrides du type « lignée issue de A × lignée issue de B » ; c'est ce que fait le sélectionneur de maïs qui a structuré son matériel en groupes hétérotiques[39].

---

39. Deux populations sont dites hétérotiques si leur croisement conduit à un hybride de populations très performant, supérieur à la meilleure des populations.

Une grande partie de l'aptitude spécifique à la combinaison se retrouve ainsi dans la valeur attendue de tout hybride interpopulation, et c'est essentiellement l'aptitude générale à la combinaison interpopulation[40] qui explique la variation génétique entre les différents hybrides A × B. Dans ces conditions, pour sélectionner les lignées issues de la population A, plutôt que prendre la population B comme testeur, il est plus opérationnel de prendre la lignée de cette population B qui se combine le mieux avec la population A. Les lignées candidates issues de la population A sont croisées à la lignée testeur de la population B. Les tests permettront alors d'identifier une combinaison lignée × testeur très performante, proche des meilleures combinaisons possibles entre les lignées A et B, et qui pourra devenir un hybride commercial.

Lorsque le testeur a été déterminé, il est possible, à partir du croisement de deux lignées, de réaliser une sélection généalogique pour la valeur en combinaison avec ce testeur, selon les mêmes principes que pour la valeur propre (Figure 2.12). Cette sélection peut même être conduite de façon plus rigoureuse que celle pour la valeur propre, car une sélection précoce, dès les premières générations, est possible. En effet, « la valeur en combinaison d'une plante hétérozygote est égale à la moyenne des valeurs en combinaison des lignées qui peuvent en être tirées » (Gallais, 2011). La durée de la sélection généalogique peut être réduite par l'utilisation de l'haplodiploïdisation dès le niveau $F_1$.

### Récurrence dans le développement de variétés hybrides

La récurrence de la sélection s'organise de la même façon que pour la sélection de variétés lignées (voir Figure 2.10, p. 52). En effet, la seule différence est que les familles consanguines ou les lignées, au lieu d'être évaluées pour leur valeur propre, sont évaluées pour leur valeur en combinaison avec un testeur. Là encore, l'utilisation de l'haplodiploïdisation permet d'enchaîner facilement les cycles de sélection et débouche directement sur de nouvelles variétés. Ainsi, les lignées d'un groupe de combinaison C sont croisées entre elles pour former des départs de sélection ; par haplodiploïdisation, de nouvelles lignées sont extraites, puis évaluées pour leur valeur en combinaison avec le testeur retenu appartenant à un groupe D se combinant bien avec le groupe C. La ou les meilleures combinaisons lignée × testeur pourront être retenues, pour développer de nouvelles variétés hybrides, et les meilleures lignées pour leur aptitude à la combinaison avec le testeur seront croisées entre elles, pour former de nouveaux départs de sélection.

Pour améliorer le testeur parallèlement à l'amélioration des lignées du groupe C, les lignées du groupe D sont améliorées par rapport à un testeur du groupe C. On dit que la sélection est réciproque par l'intermédiaire des testeurs. C'est ce schéma qui est utilisé pour l'amélioration du maïs où, par exemple, on améliore de façon réciproque le matériel corné européen par rapport à du matériel denté américain, et réciproquement.

---

40. L'aptitude générale à la combinaison interpopulation d'une plante ou d'une lignée d'une population A correspond à la valeur de la descendance de cette plante pollinisée par une autre population B.

La récurrence peut aussi être développée par une amélioration des populations pour leur aptitude à donner de bons hybrides. Ces schémas, largement présentés dans notre ouvrage *Méthodes de création de variétés en amélioration des plantes* (Gallais, 2011), n'ont cependant pratiquement jamais été mis en œuvre, sans doute parce qu'ils ne présentent pas la souplesse de la méthode consistant à enchaîner des cycles courts de sélection généalogique pour la valeur en combinaison avec un testeur, avec un assez grand nombre de croisements de départ (méthode permettant, de plus, un bon contrôle des généalogies). Cependant, l'enchaînement de cycles de sélection généalogique risque de conduire à privilégier l'efficacité à court terme aux dépens de l'efficacité à long terme. La solution, comme pour la sélection de variétés lignées, est dans la gestion des croisements de départ (voir p. 52).

## Contrôle de l'hybridation

Pour produire et commercialiser des variétés hybrides, il faut disposer d'un système permettant de contrôler l'hybridation à grande échelle, de façon économique. Les principaux moyens possibles sont essentiellement la castration manuelle, la castration chimique et la castration génétique[41].

### Castration manuelle

Elle ne peut s'appliquer que dans des cas très particuliers. Le caractère monoïque[42] du maïs, qui possède une inflorescence mâle terminale facile à enlever, est une situation favorable assez rare. Cette morphologie a d'ailleurs permis le développement rapide des variétés hybrides chez le maïs. La castration manuelle a aussi été utilisée chez la tomate, dont les fleurs hermaphrodites (à la fois mâles et femelles) sont pourtant assez petites et difficiles à castrer. Certes, le taux de multiplication est assez élevé, ce qui est une situation favorable, mais le contrôle de l'hybridation n'a pu se développer que par le recours à une main d'œuvre peu coûteuse. Il en est de même des premières variétés de riz hybrides, développées en Chine.

### Contrôle de l'hybridation par des substances chimiques

Des substances chimiques peuvent être utilisées soit pour castrer les plantes, en inhibant le développement de pollen viable, soit pour modifier le sexe de la plante.

Le principe de la castration chimique est simple : pour fabriquer une lignée qui doit être femelle à 100 % on utilise une substance (proche des hormones de croissance) qui, pulvérisée sur la plante à un moment précis, empêche la production de pollen viable, c'est-à-dire tue le pollen sans nuire à la qualité des ovules. Malgré des progrès importants, l'exemple du blé montre que la castration chimique n'est pas simple à résoudre, et de ce fait les semences sont trop coûteuses à produire, ce

---

41. L'utilisation des allèles d'auto-incompatibilité (allèles qui, à un locus, empêchent l'autofécondation) et la production de variétés semi-hybrides par compétition pollinique ne sont pas considérées ici (voir Gallais, 2009).
42. Une même plante porte à la fois des fleurs mâles et des fleurs femelles.

qui diminue très fortement l'intérêt économique des variétés hybrides, chez une espèce où le phénomène de vigueur hybride[43] n'est pas très fort.

Chez les cucurbitacées, qu'elles soient à sexes séparés sur une plante ou sur des plantes différentes, le sexe peut être modifié par des voies chimiques. Chez le melon, avec une lignée monoïque (donnant à la fois des fleurs mâles et des fleurs femelles) prise comme femelle, la castration se fait souvent par utilisation d'un précurseur de l'éthylène, l'éthrel. Les semences hybrides peuvent alors être produites par l'utilisation d'insectes pollinisateurs. Chez le concombre, le nitrate d'argent, inhibiteur de l'éthylène, permet d'induire l'apparition d'étamines chez les plantes gynoïques (uniquement femelles) ; celles-ci peuvent alors être autofécondées en vue de l'obtention de lignées uniquement femelles, et des lignées monoïques peuvent être utilisées comme mâles pour produire des hybrides. Cette facilité de contrôle du sexe chez les cucurbitacées permet l'obtention de lignées sans trop de difficulté et la production d'hybrides simples sans castration manuelle.

### Contrôle de l'hybridation grâce à la castration génétique

La castration génétique peut être essentiellement réalisée par deux systèmes : la stérilité mâle génique (incluant la stérilité mâle transgénique) et la stérilité mâle nucléo-cytoplasmique.

#### Stérilité mâle génique

Il existe des gènes qui entraînent la stérilité mâle. Ainsi, pour simplifier la présentation, considérons le cas d'une stérilité mâle récessive, avec l'allèle récessif *ms* entraînant la stérilité à l'état homozygote et l'allèle dominant *Ms* entraînant la fertilité. Les plantes mâles-stériles sont *msms* et ne peuvent être maintenues que si elles sont pollinisées par des plantes mâles-fertiles *Msms* ou *MsMs*. On peut donc créer des lignées en disjonction pour le gène de stérilité et maintenues en isolement par récolte sur les plantes mâles-stériles[44]. Ce sont ces lignées qui peuvent être utilisées comme parent femelle pour produire un hybride simple. Cependant, les plantes de ces lignées sont pour moitié mâles-stériles et pour moitié mâles-fertiles ; il faut donc éliminer les plantes mâles-fertiles avant la pollinisation, pour éviter les cas d'autofécondation. S'il s'agit d'un gène de stérilité mâle dominant, le problème est le même. Pour éviter ce problème, ou le résoudre facilement, différentes méthodes sont envisageables :
– on peut d'abord multiplier végétativement les plantes mâles-stériles, mais cela n'est possible que chez les espèces faciles à multiplier végétativement ;
– chez les autres espèces, une solution peut consister à utiliser des marqueurs phénotypiques très liés au gène de stérilité. Ainsi, chez le tournesol, a été trouvé un gène très lié au gène *Ms,* et entraînant la coloration anthocyanée des tiges et des feuilles (Leclercq, 1966). Dans les champs de production, les plantes mâles-fertiles de la lignée femelle, reconnaissables à leur couleur rouge, pouvaient donc être éliminées au stade plantule. Cependant, le système n'est guère généralisable

---

43. Différence entre la valeur de l'hybride $F_1$ et la valeur moyenne des deux parents.

44. Le transfert par rétrocroisement du gène *ms* d'un génotype *msms* dans le génome d'une lignée *MsMs* conduit directement à ce type de lignées, par l'autofécondation des plantes *Msms*.

à d'autres espèces, car il faut évidemment avoir la chance de trouver un gène marqueur suffisamment lié au gène de stérilité mâle ;
– l'entreprise Plant Genetic System a résolu le problème de l'élimination des plantes mâles-fertiles en liant à un gène de stérilité mâle (qu'ils ont construit) un gène de résistance à un herbicide total (Basta®) (Mariani *et al.*, 1990). Les plantes mâles-stériles sont résistantes à l'herbicide, les plantes mâles-fertiles sont sensibles. Pour éliminer les plantes mâles-fertiles de la ligne femelle il suffit donc de traiter cette ligne à l'herbicide, au stade jeune. Le problème est que cette stérilité se comporte comme une stérilité dominante ; l'hybride produit est donc stérile. Cette stérilité ne peut donc être utilisée telle quelle que pour les espèces cultivées pour leurs racines ou leurs feuilles. Pour l'utiliser chez les espèces cultivées pour la production de graines, il faut restaurer la fertilité. Pour cela un transgène restaurant la fertilité a été construit et peut être introduit chez la lignée utilisée comme mâle (Mariani *et al.*, 1992). Ce système a l'avantage de pouvoir être transféré à n'importe quelle espèce.

## Stérilité mâle nucléo-cytoplasmique

Dans ce cas, la stérilité mâle est le résultat de l'action d'un cytoplasme particulier et de gènes de stérilité. Les plantes sont mâles-fertiles soit lorsqu'il y a le cytoplasme normal, quels que soient les gènes au locus de fertilité/stérilité, soit lorsqu'il y a les gènes de restauration de la fertilité, quel que soit le cytoplasme (Encadré 2.3).

Encadré 2.3.
La stérilité mâle nucléo-cytoplasmique

La stérilité mâle nucléo-cytoplasmique est le résultat de la présence d'un cytoplasme particulier [S] et d'un allèle de stérilité (*ms*), à un locus (quelquefois deux) contrôlant la fertilité. Si le cytoplasme est normal [N] ou si, au niveau du noyau, l'allèle de restauration de la fertilité (*Ms*) est présent, alors la plante est mâle-fertile. Nous supposons pour simplifier que les gènes nucléaires sont à l'état homozygote (Tableau 2.1).

**Tableau 2.1.** Déterminisme de la stérilité mâle nucléo-cytoplasmique dans le cas où un seul gène nucléaire contrôle la fertilité mâle.

| Cytoplasme | Noyau *MsMs* | Noyau *msms* |
|---|---|---|
| [N] | [N] *MsMs*<br>mâle-fertile, restaurateur de fertilité | [N] *msms*,<br>mâle-fertile, mainteneur de stérilité |
| [S] | [S] *MsMs*<br>mâle-fertile, restaurateur de fertilité | [S] *msms*<br>mâle-stérile |

Les plantes [S] *msms* sont mâles-stériles, c'est-à-dire qu'elles ne fonctionnent que comme femelles. Pour les reproduire, il faut les croiser avec des plantes mâles-fertiles de génotype [N] *msms*. Le cytoplasme se transmettant par la voie maternelle et le noyau étant *msms*, la descendance de ce croisement est mâle-stérile à 100 %. C'est pourquoi les plantes [N] *msms* sont appelées mainteneuses de stérilité. Pour avoir une descendance qui produise des grains (cas d'une plante cultivée pour sa production de grains) la lignée mâle-stérile doit être croisée par une lignée [N] *MsMs* ou [S] *MsMs*. Dans ce cas, la descendance est mâle-fertile à 100 % ; les lignées [N] *MsMs* et [S] *MsMs* sont dites restauratrices de fertilité.

C'est un système de castration qui présente l'avantage d'obtenir une lignée femelle à 100 % ; de plus, il est assez facile à transférer par rétrocroisement. Malheureusement, il n'est pas toujours disponible dans la nature, d'où l'intérêt de croisements inter-spécifiques, ou de la fusion de protoplastes pour l'obtenir (voir Chapitre 4).

## Sélection de variétés synthétiques

### *Principe du développement des variétés synthétiques*

Chez les plantes à fécondation croisée, l'isolement d'un génotype par le développement de variétés hybrides n'est pas toujours possible, du fait de l'absence de mécanismes permettant le contrôle économique de l'hybridation à grande échelle. Par ailleurs, nous avons vu que l'amélioration des populations ne conduit pas à des progrès assez rapides. Une solution intermédiaire est alors de réaliser une assez forte intensité de sélection, en ne retenant qu'un nombre limité de plantes $S_0$[45] (entre 4 et 15) pour produire une nouvelle population qui sera multipliée pendant deux à quatre générations ; la population ainsi formée est une variété synthétique. Cette méthode permet d'augmenter rapidement la fréquence de certains gènes pour des caractères assez héritables (résistance aux maladies, qualité, type de développement…). Elle conduit à une nette amélioration pour les caractères les plus héritables, mais à une amélioration beaucoup plus faible pour les caractères les moins héritables et les plus complexes, comme le rendement en grain ou en biomasse (cas des graminées fourragères). Cette faible efficacité pour le rendement tient au fait que l'effet positif de la sélection d'un nombre limité de parents tend à être contrebalancé par une dépression de consanguinité. Il s'agit, en effet, d'un système de reproduction en consanguinité, d'autant plus forte que le nombre de parents est faible.

Le problème à résoudre pour la sélection d'une variété synthétique est de déterminer le nombre de parents à sélectionner et les critères sur lesquels il faut sélectionner les parents. Le raisonnement de ces deux questions se fait par l'examen de la valeur attendue d'une variété synthétique. En première approximation, celle-ci peut être prédite par la moyenne des croisements entre parents sélectionnés, diminuée de la dépression de consanguinité (égale à la différence entre la moyenne des croisements et la moyenne des autofécondations des plantes sélectionnées, divisée par le nombre de parents). Si le nombre de parents est élevé, l'effet de la sélection sera faible, puisque les différences entre toutes les variétés synthétiques possibles seront faibles. Si ce nombre est trop faible, alors la contribution de la dépression de consanguinité sera trop forte et sera difficile à contrebalancer par l'effet de la sélection. Il existe donc un nombre optimal de parents. Pour des plantes non consanguines ($S_0$), le nombre optimal peut se situer entre quatre et une douzaine.

En ce qui concerne le critère d'évaluation des parents, il dépend du nombre de parents et de l'importance de la dépression de consanguinité. Avec un nombre de

---

45. Chez les plantes allogames, une plante $S_0$ est une plante non consanguine, issue d'une population panmictique. Par autofécondation elle donne une famille $S_1$ (S pour *self-fertilization*) ; si une plante $S_1$ est autofécondée, elle donne des descendants $S_2$, etc.

parents non consanguins (plantes $S_0$) assez élevé (supérieur à 6 ou 7), la dépression de consanguinité ne contribue que très peu à la différence entre variétés synthétiques. Il suffit d'évaluer la valeur en croisement des parents, ce qui peut se faire facilement par l'étude de descendances *top-cross* (une plante est pollinisée par l'ensemble de la population, y compris par elle-même), ou de descendances *polycross* (avec $N$ plantes, une plante est pollinisée par les $N$-$1$ autres plantes). Si le nombre de parents est faible (de 2 à 5) la dépression de consanguinité va contribuer de façon non négligeable aux différences entre variétés synthétiques ; il faudrait donc évaluer à la fois la valeur en croisement des plantes candidates à la sélection, mais aussi leur valeur en autofécondation, ce qui est rarement fait, le sélectionneur se limitant en général à l'évaluation de la valeur en croisement, quel que soit le nombre de parents.

Il en résulte que pour des caractères complexes les meilleures variétés synthétiques ne présentent jamais un avantage important par rapport à la population de départ (au mieux le gain de valeur est de 10 à 12 %). En fait, chez les plantes allogames où la production de variétés hybrides est difficilement envisageable pour des raisons techniques ou économiques, les variétés synthétiques apparaissent comme une solution pour augmenter rapidement la fréquence de certains gènes, tout en évitant une dépression de consanguinité. Elles sont sans doute un moyen de produire des semences peu coûteuses pour les pays en développement. Dans les pays développés, avec une filière semences bien organisée, elles peuvent être une solution transitoire dans l'attente du développement de variétés hybrides.

### *Récurrence de la sélection pour développer des variétés synthétiques*

La création de variétés synthétiques s'intègre très bien dans une sélection récurrente sur descendances demi-frères. C'est d'ailleurs seulement chez les espèces où des variétés synthétiques sont développées (par exemple chez les graminées fourragères) que la sélection récurrente au niveau de populations[46] est mise en œuvre (sous forme de sélection sur descendances demi-frères). Si le but est de créer une variété synthétique à nombre assez élevé de parents (plus de cinq ou six), l'évaluation des parents (plantes $S_0$) peut en effet se faire simplement au travers de leur descendance demi-frères (Figure 2.7, p. 46). Parmi les $n$ plantes sélectionnées pour intercroisement en sélection récurrente on choisira alors, par exemple, les huit meilleures plantes mères pour développer une variété synthétique. C'est le schéma le plus fréquemment utilisé. Si le nombre de parents est assez faible (moins de six) il serait préférable de considérer, en plus de la valeur en combinaison des parents, leur valeur en autofécondation, pour tenir compte de la dépression de consanguinité qui apparaît au cours des générations de multiplication[47]. La sélection récurrente et la

---

46. Populations en fécondation libre, ce qui est une situation différente de celle du maïs où les populations d'amélioration sont formées par des ensembles de croisements entre lignées.

47. Avec un faible nombre de parents, il faut sélectionner les parents sur leur aptitude à donner de bonnes variétés synthétiques (aptitude générale à la synthèse). Dans le cas d'une variété synthétique à $k$ parents, l'aptitude générale à la synthèse d'un parent $I$ vaut : $2(1-1/k)\, g_I + 1/k\, a_I$, $g_I$ étant l'aptitude générale à la combinaison du parent $I$ (sa valeur moyenne en croisement avec les autres parents) et $a_I$ étant sa valeur en autofécondation.

sortie vers la création variétale seraient organisées toujours de la même façon, seule changerait l'évaluation des parents : il faudrait évaluer simultanément, à chaque cycle, leur valeur en *top-cross* et leur valeur en autofécondation.

## Sélection de variétés clones

### *Intérêt de la multiplication végétative*

Compte tenu des difficultés à isoler le meilleur génotype d'une population, un des « rêves » du sélectionneur serait de pouvoir reproduire n'importe quel génotype à l'identique. La sélection et la création de variétés seraient ainsi facilitées et le progrès génétique serait plus important à court terme, grâce à la reproduction du meilleur génotype détecté à un moment donné dans la population d'amélioration. La maîtrise de la reproduction à l'identique, à grande échelle, raccourcirait beaucoup le temps de création variétale. Avec les autres méthodes d'isolement que nous avons vues, la reproduction du meilleur génotype peut être difficile et surtout plus longue.

La reproduction à l'identique est réalisée depuis longtemps chez les plantes à multiplication végétative, et le taux de multiplication a fortement été augmenté par les techniques de micropropagation. Cette technique est déjà largement utilisée chez certaines espèces (le fraisier, par exemple). L'obtention d'embryons à partir de cultures cellulaires (embryogenèse somatique) permet de produire à grande échelle des plants de palmier à huile (Jacquemard *et al.*, 1997), de caféiers, de cacaoyers (Pétiard, 2011) et de certains conifères au Canada (Sutton, 2002 ; Klimaszewska *et al.*, 2007) et des sapins de Noël (*Abies nordmanniana*) en Allemagne, Danemark et Belgique. L'embryogenèse somatique ouvre la porte à la création de « graines artificielles » ; il s'agirait d'embryons qui seraient amenés à une faible teneur en eau et encapsulés dans un enrobage protecteur pour permettre leur conservation et leur reprise, mais les travaux réalisés n'ont pas encore été couronnés de succès.

Chez les plantes à reproduction sexuée, il faudrait pouvoir induire le développement parthénogénétique des graines (apomixie), c'est-à-dire le développement, sans qu'il y ait eu fécondation, d'une graine reproduisant le génotype femelle. C'est une multiplication végétative sous forme de graines. L'apomixie existe naturellement chez certaines plantes (sous nos latitudes, chez le pissenlit et le pâturin, *Poa pratensis*, et, sous les tropiques, chez de nombreuses graminées, par exemple chez *Panicum maximum*), où elle constitue une certaine dégénérescence de la reproduction sexuée, mais elle est difficile à utiliser (Savidan, 1982). Son transfert, par voie sexuée, de l'espèce *Tripsacum* au maïs, a été tenté, mais cela s'avère difficile et sans réel succès jusqu'à aujourd'hui. Des travaux se poursuivent actuellement sur l'arabette des dames (*Arabidopsis thaliana*), prise comme plante modèle pour créer un système d'apomixie (Marimuthu *et al.*, 2011). L'idéal serait de pouvoir induire l'apomixie par le biais de cytoplasmes particuliers (comme pour la stérilité mâle) ou chimiquement.

Les variétés clones ne sont donc développées, pour le moment, que pour les plantes où la multiplication végétative est facile. Elles pourraient sans doute se développer plus encore avec le progrès des connaissances.

### Principe de la sélection de variétés clones

Du point de vue génétique, la sélection des variétés clones est très simple. Partant d'une population de plantes, il peut déjà y avoir une sélection purement phénotypique entre plantes. L'efficacité de cette sélection dépend de l'héritabilité des caractères. Les plantes retenues peuvent être multipliées végétativement pour être évaluées en petites parcelles, avec peu de répétitions ; une sélection à assez faible intensité permettra d'éliminer les clones les moins performants et les clones restants seront évalués, après une multiplication plus importante, dans des dispositifs avec plus de répétitions qui permettront d'identifier le ou les meilleurs clones par rapport aux témoins. Dès qu'un bon génotype est identifié, il suffit de le reproduire à grande échelle. Le sélectionneur doit alors se concentrer sur la façon d'améliorer les populations qui seront sources de bons clones.

Cependant, la sélection des plantes à multiplication végétative se complique souvent, à cause d'une nécessaire sélection sanitaire, du fait de la présence de virus qui se transmettent facilement par la multiplication végétative.

### Récurrence de la sélection pour les variétés clones

Toutes les méthodes qui améliorent la valeur propre d'une population peuvent être utilisées pour améliorer la valeur de clones qui seront dérivés de cette population. Il suffira à une génération donnée de cloner un certain nombre d'individus, d'évaluer leur « descendance » clonale, puis de sélectionner le ou les meilleurs clones.

Ainsi, la sélection massale peut préparer parfaitement cette sortie vers la création variétale. Au lieu d'évaluer les plantes au niveau $S_0$, d'après le phénotype d'un seul exemplaire, on va évaluer leur valeur après leur clonage, en faisant la moyenne de toutes les répétitions d'une seule plante. Pour poursuivre en sélection récurrente, les meilleurs clones sont intercroisés entre eux. Pour sortir vers la création variétale, il suffit d'affiner l'évaluation des meilleurs clones pour identifier le ou les meilleurs clones. Il s'agit donc encore d'un schéma qui intègre la création variétale dans le processus d'amélioration par récurrence. Du point de vue de la sélection récurrente, il permet à la sélection massale d'être nettement plus efficace pour les caractères très affectés par le milieu (à condition que l'évaluation des clones puisse se faire dans des conditions proches des conditions de culture, ce qui est le cas des plantes cultivées de façon espacée, comme les arbres fruitiers, bien que des évaluations puissent être réalisées à assez forte densité).

La méthode la plus efficace pour maximiser la valeur des clones est sans doute la sélection récurrente réciproque sur familles de pleins-frères formées par croisement de plantes $S_0$ (Figure 2.13). C'est une méthode proche du schéma de sélection récurrente réciproque d'hybrides simples, mais au lieu de croiser des lignées dérivées des plantes $S_0$, ce sont les plantes $S_0$ d'une population qui sont croisées avec les plantes $S_0$ de l'autre population (une plante $S_0$ de C avec une plante $S_0$ de D), ce qui conduit à une série de descendances pleins-frères, d'où le nom de la méthode. Cette méthode conduit à maximiser la valeur des familles de pleins-frères à l'intérieur desquelles on pourra isoler les meilleurs clones. Elle a été mise en œuvre avec succès dans l'amélioration du palmier à huile (Meunier et Gascon, 1972).

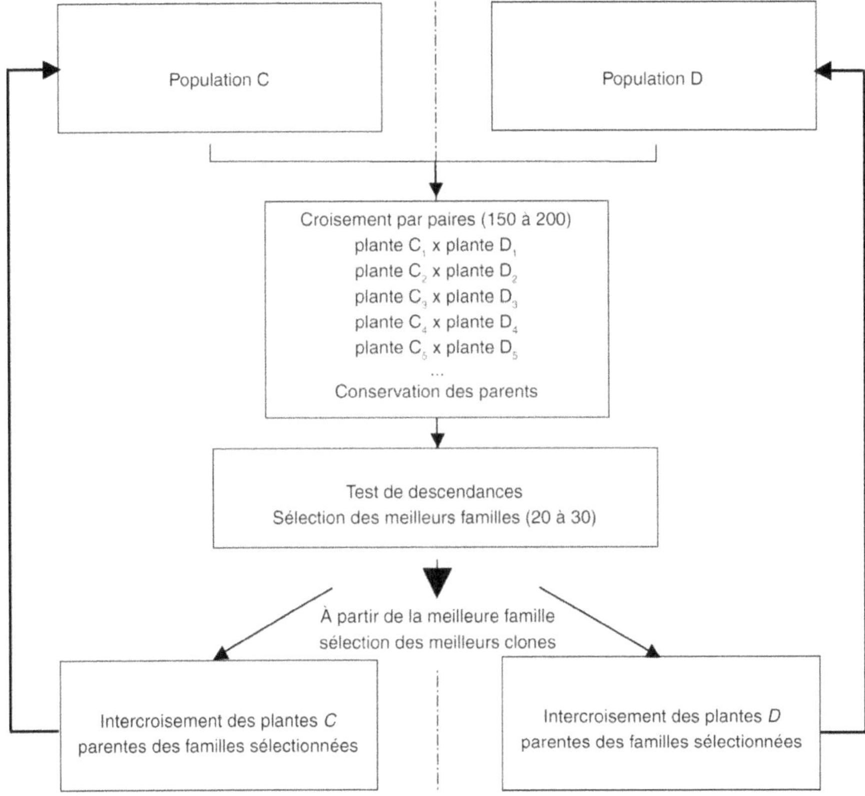


**Figure 2.13.** La sélection récurrente réciproque sur familles de pleins-frères pour préparer la sélection de clones.

## Transfert de gènes par rétrocroisement

### Principes du rétrocroisement

Pour des caractères déterminés seulement par quelques gènes à effets forts et visibles (gènes dits majeurs), la méthode d'amélioration la plus simple sur le plan génétique consiste à remplacer à un locus donné, un allèle défavorable, présent dans un génotype (dit receveur) ayant par ailleurs de nombreux autres gènes favorables, par un allèle favorable, donné par un génotype (dit donneur) ayant souvent des caractères défavorables. En l'absence d'une maîtrise de la transgénèse[48] permettant ce remplacement de façon directe, il est fait appel à la méthode du rétrocroisement

---

48. La transgénèse actuelle est le plus souvent non dirigée : elle ne permet pas de remplacer un allèle par un autre, plus favorable ou plus efficace, mais permet d'introduire dans le génome un gène qui s'insère de façon encore non contrôlée, et ensuite il faut sélectionner les événements de transformation les plus favorables. Cependant, les progrès importants dans la maîtrise de recombinaison homologue permettent aujourd'hui d'arriver à un remplacement direct d'un allèle par un autre.

(ou *backcross*) : le transfert est réalisé par une série de recroisements de plantes porteuses de l'allèle à transférer avec le parent receveur (Figure 2.14). Les gènes ainsi transférés peuvent affecter différents caractères (Tableau 2.2) : résistance aux maladies, type de développement (précocité, sensibilité à la photopériode), morphologie (nanisme), composition des tissus et des organes, qualité des produits, système de reproduction (stérilité mâle)…

Dans le principe du rétrocroisement, après chaque croisement avec le parent receveur, il faut sélectionner les plantes porteuses de l'allèle à introduire, qui seront recroisées avec le parent receveur. Avant de commencer un programme de rétrocroisement, il faut donc être en mesure d'évaluer les plantes pour distinguer celles qui seront porteuses du gène introgressé de celles qui ne le seront pas. De plus, il faut que cette identification soit faite sans erreur. L'identification du gène peut être facilitée par le marquage moléculaire (voir p. 117). Ici, nous supposons que l'identification des plantes porteuses du gène introgressé peut se faire sur la base du phénotype. C'est pourquoi nous parlons dans ce qui suit de rétrocroisement phénotypique.

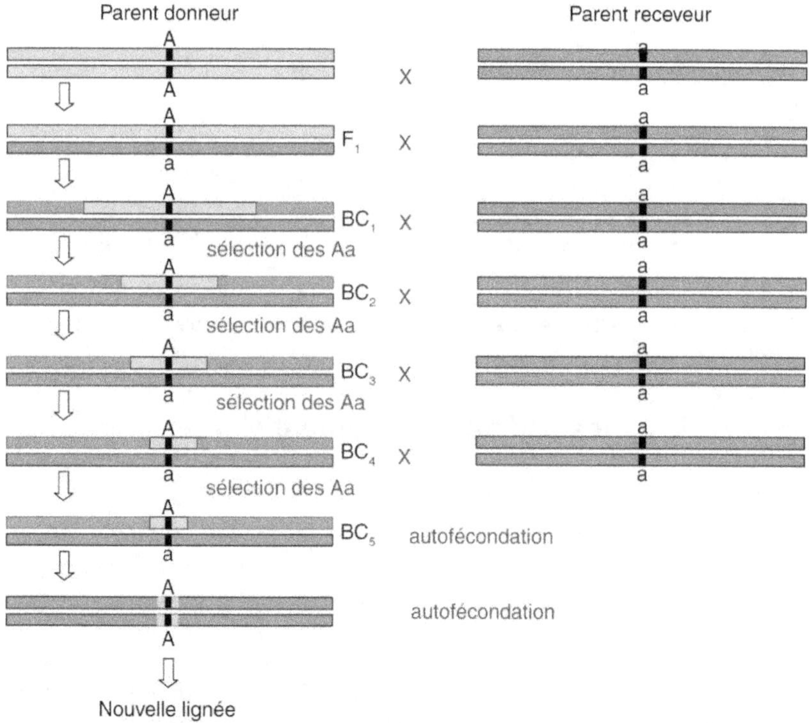


**Figure 2.14.** Introduction d'un allèle dominant d'un génotype donneur dans le génome d'un génotype receveur, par la méthode des rétrocroisements.

Le but est de transférer l'allèle *A* du génotype donneur, à la place de l'allèle *a*, du génotype receveur. À chaque génération, des plantes *Aa* sont sélectionnées et recroisées avec le parent receveur *aa*, ce qui conduit à diviser par deux le pourcentage de locus hétérozygotes, sauf pour le chromosome porteur du gène à transférer. Autour du gène transféré, maintenu à l'état hétérozygote à toutes les générations de recroisements, c'est tout un fragment chromosomique qui est en fait maintenu à l'état hétérozygote et qui sera donc fixé ensuite, par autofécondation.

**Tableau 2.2.** Exemples de gènes majeurs utilisés pour l'amélioration de diverses espèces.

| Espèces | Nature du gène | Intérêt agronomique |
|---|---|---|
| Céréales à paille | Gène de nanisme (Photo 11) | Résistance à la verse, augmentation des rendements… |
| | Résistance à diverses rouilles | Résistance aux maladies, économie de fongicides |
| | Résistance à l'oïdium | Résistance aux maladies, économie de fongicides |
| | Résistance au piétin verse (blé) | Résistance aux maladies, économie de fongicides |
| | Type hiver / type printemps | |
| | 2 rangs / 6 rangs (orge) | |
| | Gène de dureté du grain | Qualité technologique |
| | Gènes de composition des gluténines et de l'amidon | |
| Betterave | Gène de monogermie | Mécanisation de la culture |
| | Résistance à la montée à graines | Rendement et qualité de la racine |
| | Résistance à la rhizomanie | Résistance aux maladies |
| | Résistance à la cercosporiose | Résistance aux maladies |
| | Gène d'autofertilité | Permet l'autofécondation |
| Maïs | Gène *Opaque-2* augmentant la teneur en zéine du grain | Meilleure qualité des protéines pour les monogastriques |
| | Gène *Ht* (résistance à l'helminthosporiose) | Résistance aux maladies |
| | Gènes de maintien de la stérilité mâle / gènes de restauration de la fertilité | Production de variétés hybrides |
| Colza | Gène *0-érucique* | Meilleure qualité des huiles |
| | Gènes *0-glucosinolates* (3 locus) | Meilleure qualité des tourteaux |
| Pois | Gène *Afila* | Amélioration de l'état sanitaire de la culture |
| Haricot | Résistance à l'anthracnose | Résistance aux maladies |
| | Résistance à la graisse | Résistance aux maladies |
| | Type flageolet | Diversification variétale |
| Tomate | Type de croissance déterminée / indéterminée | Culture mécanisée au champ / culture en serre (Photo 10) |
| | Absence / présence d'assise d'abscision | Récolte en frais / récolte mécanique |
| | Résistance à différentes maladies (verticilliose, fusariose, viroses…) | |
| | Résistance aux nématodes | |
| | Parthénocarpie | Absence de graines (pépins) |
| | Durée de conservation du fruit | |
| | Coloration du fruit | Qualité esthétique |

## Déroulement d'un programme de rétrocroisement phénotypique

La conduite du rétrocroisement phénotypique est différente selon que l'allèle à transférer est dominant ou récessif. Le cas le plus simple est celui d'un allèle dominant. Le principe du rétrocroisement est alors le suivant. Soit un parent receveur avec un défaut contrôlé par un seul locus, avec l'allèle défavorable *a* (déterminant la sensibilité à une maladie, par exemple), supposé récessif, et un parent donneur avec l'allèle favorable *A* (résistance à la maladie), dominant. Le but est alors de remplacer *a* par *A*, selon le schéma indiqué dans la figure 2.14. On commence par le croisement du donneur et du receveur, qui donne la $F_1$. La $F_1$ est recroisée avec le parent receveur pour former la génération $BC_1$ (première génération de *back-cross*) ; au locus concerné des plantes de $BC_1$ il y a disjonction ½ *Aa*, ½ *aa*, et une étude de la sensibilité aux maladies permet alors d'identifier les plantes *Aa*, qui sont ensuite recroisées au parent receveur. À nouveau, il y a ségrégation ½ *Aa*, ½ *aa*, sélection des individus *Aa* par infection artificielle et recroisement avec le parent receveur, et ceci, pendant cinq à six cycles. Pour les locus non liés au gène d'intérêt, à chaque génération de recroisement, la fréquence des locus hétérozygotes est divisée par deux ; cette partie du génome évolue donc vers l'homozygotie et devient du type du parent receveur, alors que le locus portant le gène d'intérêt est maintenu à l'état hétérozygote. On termine alors par deux autofécondations, pour fixer et extraire des plantes *AA*.

Si l'allèle *a* à transférer est récessif, avec le même exemple d'un gène de résistance aux maladies, la $F_1$ obtenue par croisement entre le parent donneur et le parent receveur est sensible (l'allèle récessif de résistance est masqué) et il en sera de même après tout rétrocroisement. Pour faire apparaître le caractère de résistance, il faut alors autoféconder les plantes hétérozygotes *Aa*, c'est-à-dire après la $F_1$ et après chaque rétrocroisement, pour sélectionner les plantes résistantes *aa* à recroiser ensuite avec le parent récurrent. De ce fait, la durée du processus sera presque deux fois plus longue. On peut toutefois concevoir des dispositifs qui ne seront pas plus longs mais qui seront plus lourds (Gallais, 2011).

## Évolution de l'isogénicité[49] au cours des rétrocroisements successifs

En moyenne, pour les gènes non liés au gène introduit, la proportion de génome hétérozygote (un allèle venant du donneur et un allèle venant du receveur, à chaque locus) diminue de moitié à chaque génération de recroisement. Pour éliminer plus rapidement les allèles du génome donneur, on peut faire une sélection sur des caractères phénotypiques pour la conformité au parent récurrent. Nous verrons que, dans ce cas aussi, les marqueurs moléculaires apportent beaucoup, en permettant d'accélérer le retour vers le parent récurrent (voir p. 118).

La situation est différente pour le chromosome porteur du gène introgressé. En effet, à chaque génération de rétrocroisement, le gène transféré, qu'il soit dominant ou récessif, est maintenu à l'état hétérozygote. Du fait du linkage (liaison physique entre locus sur un même chromosome), en sélectionnant les individus porteurs de ce gène à l'état hétérozygote on tend ainsi à maintenir à l'état hétérozygote les

---

49. Deux génomes sont dits isogéniques s'ils portent les mêmes allèles à chacun de leurs locus.

gènes qui lui sont liés, et ce, d'autant plus que la liaison est forte. C'est ce que l'on appelle le *linkage drag*, ou effet d'entraînement. Le retour vers le parent récurrent sera donc beaucoup plus lent que prévu pour le chromosome porteur du gène introgressé. Ainsi, le calcul montre que pour un chromosome de 100 cM[50], un fragment chromosomique représentant 25 à 30 % du chromosome (soit 25 à 30 cM) peut être encore hétérozygote chez les plantes issues du cinquième ou sixième rétrocroisement. L'augmentation du nombre de rétrocroisements ne diminuera que très lentement la longueur de ce fragment chromosomique hétérozygote. En arrêtant au cinquième rétrocroisement, cela se traduira par l'introgression d'un segment chromosomique de 25 à 30 cM avec le gène d'intérêt. Si on estime qu'il y a 10 à 15 gènes par centiMorgan, cela peut se traduire par la présence de plusieurs centaines d'allèles du donneur dans le génome des plantes introgressées.

La réalité de ce phénomène est bien illustrée par les travaux de Young et Tanksley (1989) chez la tomate qui, grâce à l'utilisation des marqueurs moléculaires, montrent une longueur de segment chromosomique du donneur qui peut encore être très importante malgré un grand nombre de rétrocroisements (Figure 2.15). La conséquence de ce phénomène est que les lignées ou familles converties, ayant ainsi fixé de nombreux allèles du parent donneur, en général de moindre valeur sur le plan agronomique que ceux du parent receveur, sont souvent de valeur agronomique inférieure à ce parent.

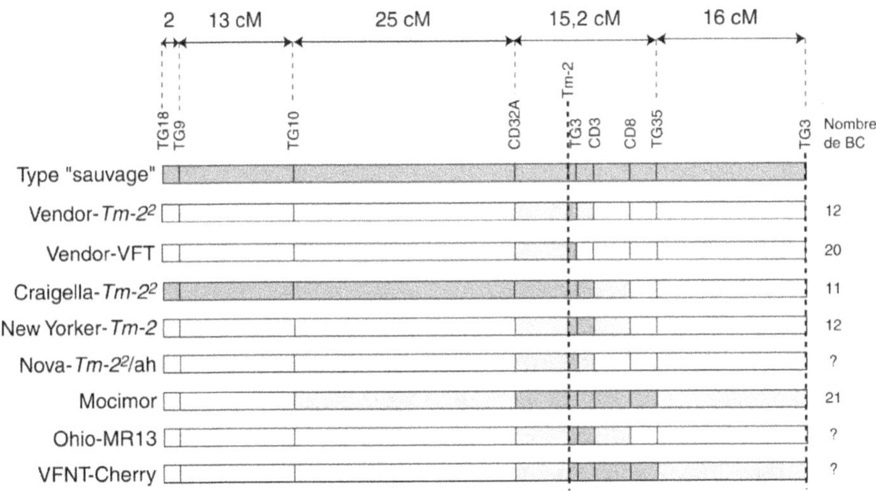


**Figure 2.15.** Portion de génome donneur introduite par rétrocroisement en même temps que l'allèle d'intérêt, dans plusieurs variétés de tomate (Young et Tanksley, 1989).

L'allèle introduit, *Tm-2*, provenant du donneur (de type « sauvage »), confère la résistance au virus de la mosaïque. La longueur du segment (zone en gris foncé) introduit en même temps que *Tm-2* peut être très variable selon les lignées reconverties obtenues ; malgré un très grand nombre de *back-cross* (BC), c'est-à-dire de rétrocroisements (11 au minimum), il peut atteindre plus de 30 cM. En gris clair sont représentées les zones de recombinaison.

---

50. Centi-Morgan, unité de mesure des distances entre gènes, très liée au pourcentage de recombinaison entre deux gènes pour des locus assez proches.

## Bilan de la méthode du rétrocroisement

Le résultat de cette méthode est le transfert d'un allèle d'un génotype donneur dans un génotype receveur. C'est donc une méthode qui relève très clairement du génie génétique. Le bilan est le suivant :

— même dans le cas le plus favorable, celui du transfert d'un allèle dominant, la méthode est longue ; elle nécessite au moins huit générations, soit huit ans pour une plante annuelle sans accélération des générations, ou quatre ans si on peut faire deux générations par an ;

— elle est coûteuse, compte tenu de sa durée mais aussi des moyens nécessaires pour l'évaluation du phénotype (parcelles isolées, serres, chambres de culture pour élever les champignons, les insectes…) ;

— elle est encore plus longue s'il s'agit d'introduire un allèle récessif, du fait de la nécessité d'ajouter une génération d'autofécondation des hétérozygotes *Aa*, pour faire apparaître et identifier les plantes *aa*. Si l'on veut éviter cet allongement de la durée, le transfert est plus coûteux ;

— le résultat n'est pas complètement satisfaisant du point de vue de l'isogénicité. D'abord, du fait du *linkage drag*, beaucoup d'autres allèles sont introduits avec l'allèle désiré, ce qui peut déprécier la valeur du parent receveur et demander de nouveaux cycles de sélection pour corriger les défauts introduits. Mais il y a aussi un problème d'hétérozygotie résiduelle en dehors du chromosome porteur du gène introduit.

L'idéal serait une technique permettant de n'introduire que l'allèle voulu, et ceci, le plus rapidement possible, pour répondre en un temps le plus court possible à un problème nouveau, comme l'apparition d'une nouvelle maladie. C'est l'un des grands avantages potentiels de la transgénèse, avec la maîtrise de la recombinaison homologue (voir p. 141). Elle fera gagner un temps important. Nous verrons aussi (voir p. 118) que l'utilisation des marqueurs moléculaires permet déjà d'accélérer le processus de rétrocroisement et de limiter la longueur du fragment introduit.

# Outils non génétiques de la sélection phénotypique

## Dispositifs expérimentaux et analyse statistique

Les dispositifs expérimentaux et l'analyse statistique des résultats se sont développés au début du XXᵉ siècle. Ils ont joué un grand rôle dans la mise au point de méthodes de sélection efficaces pour des caractères très influencés par le milieu, comme le rendement en grain ou en biomasse. Dans un essai avec plusieurs familles, variétés ou autres génotypes reproductibles (lignées, clones, hybrides entre lignées), pour des caractères quantitatifs, ils permettent, grâce aux répétitions, de contrôler les effets du milieu et évitent de les confondre avec des effets génétiques. Il en résulte un gain en précision dans l'appréciation de la valeur génétique du matériel étudié dans un milieu donné. En effet, en augmentant le nombre de répétitions dans un milieu donné, la moyenne des répétitions pour un génotype tend vers sa valeur génétique dans ce milieu (voir Annexe). Avec le développement parallèle de l'analyse statistique des dispositifs expérimentaux par Fisher (1918) et des premières études de génétique quantitative[51] il en est résulté très rapidement une formulation de la notion d'héritabilité au sens large, au niveau de familles. Elle est définie comme le rapport de la variation génétique entre familles à la variation phénotypique totale et mesure en fait le degré de correspondance entre la valeur phénotypique, estimée par la moyenne des répétitions, et la valeur génétique. Ces méthodes d'analyse de la variation ont aussi permis d'analyser les essais réalisés dans plusieurs milieux.

La mise au point des dispositifs expérimentaux, en permettant le contrôle des effets du milieu et le traitement statistique des données, et l'introduction de la notion d'héritabilité au sens large ont été deux outils essentiels pour le sélectionneur. Ainsi, les méthodes de sélection familiale ou de sélection sur descendances et, d'une façon générale, la sélection pour des caractères peu héritables ont pu se développer sur des bases assez précises.

Le traitement de l'information permet aujourd'hui de prévoir de mieux en mieux la valeur des unités génétiques candidates à la sélection, avec la valorisation maximale de l'information recueillie. Ainsi, grâce aux index de sélection[52], il serait possible, comme en génétique animale, de tenir compte des corrélations entre caractères (la sélection étant nécessairement multicaractères), voire des relations de parenté entre plantes, familles ou lignées candidates à la sélection. En effet, toute information recueillie sur un caractère lié au caractère sélectionné apporterait une information supplémentaire sur la valeur génétique de ce dernier, qui serait évalué avec plus de précision. Il en est de même des relations entre apparentés : leur prise en compte ferait gagner en précision dans l'évaluation de la valeur génétique des candidats à la sélection. Cet outil ne s'est pratiquement pas développé en amélioration des plantes. L'utilisation de la sélection assistée par marqueurs amène à reconsidérer le problème.

## Mécanisation de l'expérimentation et phénotypage à grand débit

Au début du XXe siècle, une pépinière de sélection était installée à la main. Aujourd'hui, de nombreuses opérations sont mécanisées. Grâce à l'électronique, les appareils de semis, repiquage ou récolte ont fait de grands progrès et permettent de traiter de façon homogène des essais réalisés avec de nombreux génotypes. De plus en plus de mesures, qui autrefois devaient se faire séparément après la récolte (par exemple, la teneur en matière sèche des grains, la teneur en protéines…), peuvent aujourd'hui se réaliser automatiquement, en cours de végétation ou au moment de la récolte, avec des appareils mobiles qui peuvent être « embarqués » sur les récolteuses. Les progrès dans les instruments d'analyse ont d'ailleurs eu des conséquences importantes sur les programmes de sélection. Un exemple typique est donné par les méthodes NIRS[53] : la mise au point de ces méthodes, basées

---

51. Fisher était à la fois biométricien et généticien, spécialiste de génétique quantitative.

52. Un index est une combinaison linéaire de plusieurs caractères qui déterminent la valeur économique du produit.

53. *Near Infrared Spectroscopy.*

sur la spectroscopie dans le proche infra-rouge, a permis de renforcer la prise en compte de la qualité dans les programmes de sélection (qualité boulangère des blés, qualité des fourrages, etc.). Grâce à une connexion entre ces appareils et un système de traitement de l'information, une interprétation très rapide des résultats d'essais est devenue possible.

Aujourd'hui, des méthodes d'évaluation phénotypique à grand débit se développent ; on parle de phénotypage haut débit. Il s'agit de mesurer de façon très automatique et systématique, avec différents types de capteurs, toute une série de paramètres qui sont en corrélation avec les caractères sélectionnés, comme des paramètres de croissance, de composition chimique... Il peut s'agir de mesures faites au champ ou sur des plates-formes adaptées, voire en conditions artificielles. Ces démarches de phénotypage à haut débit permettront la détection de gènes en cause dans différents caractères physiologiques et donnent ainsi une information qui pourra être prise en considération dans une sélection génomique (voir p. 126).

## Utilisation du temps en sélection phénotypique

Le temps est un paramètre important en sélection. Nous avons déjà vu qu'il ne faut pas raisonner en termes de progrès par cycle de sélection, mais en termes de progrès par unité de temps (par an, le plus souvent). Dans la mise en œuvre d'une méthode de sélection, il faut donc utiliser au mieux le temps. Cela peut se faire en raccourcissant la durée du cycle de sélection ou par le choix d'un outil qui permet de mieux utiliser tout le temps disponible, y compris l'hiver, par exemple.

La culture en contre-saison, en hémisphère Sud, en serres ou en chambres de culture[54] sont des moyens pour raccourcir la durée des cycles de sélection, en particulier pour la fixation du matériel. La culture d'embryons immatures est un autre moyen, très utilisé dans l'amélioration du tournesol, voire du maïs. Nous avons déjà vu que l'haplodiploïdisation est un outil qui fait gagner du temps. Nous verrons de même que le marquage moléculaire est un outil qui, tout en permettant de mieux utiliser la variabilité génétique, permet aussi de mieux utiliser le temps (voir p. 123).

## Intérêt et limites de la sélection phénotypique

La sélection phénotypique a été très efficace, comme le montre, chez les espèces de grande culture, l'augmentation des rendements due à l'amélioration génétique. Cependant, un cycle de sélection reste encore long ; il n'est pas facile de répondre rapidement à un nouveau problème (nouveau parasite, adaptation des plantes à consommer moins d'eau et moins d'azote...). De plus, pour les caractères quantitatifs, influencés par le milieu, du fait du manque de correspondance entre la valeur phénotypique et la valeur génotypique (faible héritabilité de caractères), il

---

54. Les chambres de culture, à la différence des serres, permettent un contrôle assez précis de la température ; en particulier, elles peuvent permettre de réaliser des températures basses pour satisfaire les besoins en froid d'une espèce.

y a une mauvaise utilisation de la variabilité génétique. Cette mauvaise utilisation est renforcée par un manque de maîtrise des recombinaisons entre gènes : l'élimination d'allèles défavorables se traduit aussi par la perte d'allèles favorables qui peuvent leur être liés et, réciproquement, la fixation d'allèles favorables se traduit par la fixation d'allèles défavorables qui peuvent leur être liés. Enfin, la variabilité génétique elle-même, à l'intérieur de l'espèce, peut être limitante. Ainsi, chez de nombreuses plantes, il n'existe pas de variabilité génétique pour la résistance aux insectes. Nous allons voir dans ce qui suit que la mise en œuvre d'outils issus des biotechnologies permet de répondre à ces limites de la sélection phénotypique.

# 3

# Manipulation
# du nombre de chromosomes
# et échanges de gènes
# entre espèces par croisement

*Les méthodes et outils décrits dans les chapitres précédents relèvent de la sélection phénotypique ; leur action au niveau du génome est indirecte, voire statistique, et résulte de la combinaison des systèmes de reproduction et de la sélection sur la valeur phénotypique. Les méthodes présentées dans les chapitres qui suivent relèvent d'une intervention directe, dirigée, sur les génomes nucléaires ou cytoplasmiques, soit pour accélérer le processus de sélection et celui du transfert de gènes, soit pour apporter une nouvelle variabilité génétique. Nous présentons d'abord dans ce chapitre les manipulations du nombre chromosomique, dont certaines techniques sont assez anciennes et se sont développées après 1935, dès que les chromosomes sont devenus une réalité. Nous en montrons diverses applications pour augmenter la variabilité génétique. Nous verrons que la technique de doublement chromosomique est utilisée pour la création de nouvelles espèces ou la recréation d'espèces cultivées existantes et pour le transfert de gènes par le biais de croisements interspécifiques. Il est aussi possible de combiner la réduction du nombre chromosomique par haploïdisation et le doublement chromosomique, pour passer directement de l'état hétérozygote à l'état homozygote.*

## Niveaux de ploïdie chez les plantes

### Définitions et terminologie

Au sens restreint, un génome (nucléaire) correspond au plus petit ensemble chromosomique présent dans les gamètes d'une espèce diploïde : on parle encore de génome élémentaire haploïde. Le niveau de ploïdie exprime le nombre de génomes élémentaires présents dans le noyau d'une cellule. Au sens large, le génome est formé par l'ensemble des chromosomes d'une espèce. Chez une espèce diploïde, le génome au sens large est donc constitué de deux exemplaires du génome élémentaire ; à la méiose, les chromosomes homologues[55] s'apparient.

À partir d'un génome diploïde, il peut y avoir deux types de variation du nombre chromosomique des espèces (Figure 3.1) :

— juxtaposition de deux ou plusieurs génomes diploïdes, provenant de deux ou plusieurs espèces différentes. Les espèces possédant ces génomes sont dites allopolyploïdes ; leur génome haploïde est donc constitué par la juxtaposition de deux ou plusieurs génomes élémentaires haploïdes. À la méiose, seuls les chromosomes homologues d'un même génome diploïde s'apparient ; il y a donc toujours formation de paires chromosomiques. L'hérédité des espèces allopolyploïdes est donc disomique, identique à celle d'un organisme diploïde.

— présence de plus de deux exemplaires d'un même génome élémentaire. Les espèces possédant ces multiples exemplaires sont dites autopolyploïdes. Chaque groupe d'homologie compte plus de deux chromosomes. À la méiose les chromosomes homologues peuvent donc former des multivalents[56]. Seuls les autopolyploïdes ayant un nombre pair de chromosomes ont une méiose assez régulière et, dans ce cas, le niveau de ploïdie des gamètes est la moitié de celui des zygotes (gamètes diploïdes, pour une plante autotétraploïde, triploïdes pour une plante autohexaploïde, etc.). Les autopolyploïdes à nombre impair de chromosomes ont une méiose irrégulière et sont plus ou moins stériles.

Il y a aussi des espèces qui combinent dans leur génome les deux types de variation du nombre chromosomique, allopolyploïdie et autopolyploïdie.

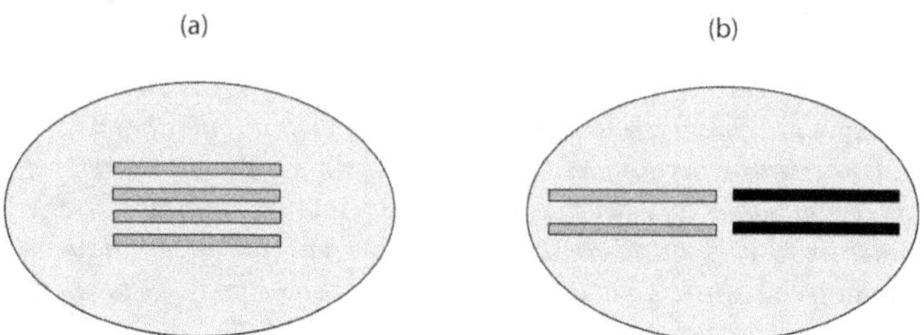


**Figure 3.1.** Allopolyploïdie et autopolyploïdie.

Le génome d'une espèce autopolyploïde, schématisé en (a) pour une espèce autotétraploïde, possède plusieurs génomes élémentaires homologues (quatre, dans ce cas) ; celui d'une espèce allopolyploïde, schématisé en (b) pour une espèce allotétraploïde, est formé par la juxtaposition de plusieurs génomes diploïdes (ici, deux).

---

55. Chromosomes qui ont la même structure, avec les mêmes locus ; dans une paire de chromosomes homologues, l'un est issu du parent mâle, l'autre du parent femelle (voir Annexe). Un groupe d'homologie est constitué par l'ensemble des chromosomes homologues ; pour un génome diploïde, chaque groupe d'homologie compte donc deux chromosomes homologues.

56. Groupe de plus de deux chromosomes homologues qui, à la méiose, peuvent établir des chiasmas (entrecroisement de deux chromatides de deux chromosomes homologues, pouvant résulter en un crossing-over) entre eux.

Chez les espèces allopolyploïdes, il peut y avoir une certaine parenté entre les génomes juxtaposés, due à leur origine commune ; ils peuvent avoir une structure très voisine, voire même les mêmes locus. Cependant, du fait d'une certaine différenciation ou de systèmes génétiques empêchant l'appariement, des chromosomes de génomes différents, même de structure très proche, ne s'apparient pas à la méiose (contrairement aux chromosomes homologues) ; ils sont dits homéologues. Chez le blé, c'est une seule mutation qui contrôle l'appariement entre chromosomes homéologues.

Parmi les espèces cultivées diploïdes, citons l'orge, le riz, le maïs, la tomate… Parmi les espèces allopolyploïdes, on peut citer, comme allohexaploïdes, le blé tendre et l'avoine et, comme allotétraploïdes, le colza, le tabac, le caféier Arabica, le cotonnier… Parmi les espèces autopolyploïdes, on peut citer le poireau, la luzerne, la pomme de terre, qui sont des autotétraploïdes, et le dahlia et la canne à sucre, qui sont auto-octoploïdes (Tableau 3.1).

## Origine des polyploïdes naturels

### Formation des autopolyploïdes naturels

Deux mécanismes dans la nature peuvent conduire à des autopolyploïdes : le doublement chromosomique spontané, par exemple à la suite d'un choc thermique au moment de la fécondation, et le phénomène de non-réduction des gamètes, qui chez un diploïde conduit à des gamètes diploïdes. À la fécondation, la fusion d'un gamète haploïde et d'un gamète diploïde donne un organisme triploïde dont la méiose, en général irrégulière, se traduit par une forte stérilité liée à la présence d'aneuploïdes[57]. La fusion de deux gamètes diploïdes conduit à une plante auto-tétraploïde, dont la méiose, sans être aussi régulière que chez un diploïde, est beaucoup plus régulière que chez une plante triploïde.

### Formation des allopolyploïdes naturels

Les croisements entre espèces sont assez rares dans la nature. C'est d'ailleurs cette possibilité de croisement qui permet, du point de vue génétique, de définir l'espèce, comme étant un ensemble d'individus pouvant échanger assez facilement des gènes. Le croisement de deux espèces diploïdes, quand il a lieu, conduit en général à une $F_1$ stérile. La fertilité des plantes $F_1$ peut cependant être obtenue dans certains cas, s'il y a un doublement spontané de son nombre de chromosomes avant le début de la gamétogenèse. Il y a alors formation d'un allotétraploïde homozygote. L'origine la plus fréquente des allopolyploïdes est plutôt la rencontre de deux gamètes non réduits d'individus d'espèces différentes, ce qui associe les génomes des deux parents et donne immédiatement un organisme dont la méiose est régulière.

Les allopolyploïdes peuvent aussi se former à partir d'autopolyploïdes ; on parle alors d'allopolyploïdisation de leur génome. En effet, la méiose d'un autopolyploïde est complexe et conduit souvent à une faible fertilité. Toute mutation permettant à la

---

57. On parle d'euploïdes s'il y a le même nombre de chromosomes dans tous les groupes d'homologie du génome et d'aneuploïdes s'il manque un ou plusieurs chromosomes, ou s'il y a un ou plusieurs chromosomes supplémentaires, dans certains groupes d'homologie.

méiose de mieux se dérouler sera donc favorisée. Il peut y avoir ainsi progressivement, après de nombreuses générations, différenciation de certains chromosomes homologues de telle sorte que les appariements ne se produisent plus au hasard : par exemple, chez la luzerne, considérée comme une espèce autotétraploïde, on observe des appariements préférentiels qui la font se comporter comme une espèce allotétraploïde dans certaines zones de son génome.

**Tableau 3.1.** Quelques exemples de plantes cultivées autopolyploïdes et allopolyploides.

| Espèce | Type de polyploïdie[a] | Niveau de ploïdie[b] | Système de reproduction |
|---|---|---|---|
| Arachide (*Arachis hypogea*) | allo | $2(x,y) = 40$ | Autogame |
| Avoine (*Avena sativa*) | allo | $2(x,y,z) = 42$ | Autogame |
| Blé tendre (*Triticum aestivum*) | allo | $2(x,y,z) = 42$ | Autogame |
| Caféier (*Coffea arabica*) | allo | $2(x,y) = 44$ | Autogame |
| Canne à sucre (*Saccharum officinale*) | auto | $8x = 80$ | Allogame, multiplication végétative |
| Colza (*Brassica rapa*) | allo | $2(x,y) = 38$ | Semi-allogame |
| Cotonnier (*Gossypium hirsutum*) | allo | $2(x,y) = 52$ | Autogame préférentiel |
| Dactyle (*Dactylis glomerata*) | auto | $4x = 28$ | Allogame, |
| Dahlia (*Dahlia variabilis*) | auto | $8x = 64^c$ | Allogame, multiplication végétative |
| Fétuque élevée (*Festuca arundinacea*) | allo | $2(x,y,z) = 42$ | Allogame |
| Fléole (*Phleum pratense*) | auto | $6x = 42$ | Allogame |
| Fraisier (*Fragaria* × *ananassa*) | auto[d] | $4x$ ou $8x = 56^d$ | Allogame, multiplication végétative |
| Igname (*Dioscorea alata*) | auto | $6x = 60$ | Allogame, multiplication végétative |
| Lotier (*Lotus corniculatus*) | auto | $4x = 24$ | Allogame |
| Luzerne (*Medicago sativa*) | auto | $4x = 32$ | Allogame |
| Patate douce (*Ipomoea batatas*) | auto | $6x = 90$ | Allogame, multiplication végétative |
| Poireau (*Allium porum*) | auto | $4x = 32$ | Allogame |
| Pomme de terre (*Solanum tuberosum*) | auto | $4x = 48$ | Allogame, multiplication végétative |
| Tabac (*Nicotiana tabacum*) | allo | $2(x,y) = 24$ | Autogame préférentiel |
| Théier (*Camellia sinensis*) | auto | $4x = 60$ | Allogame, multiplication végétative |

[a] auto = autopolyploïde, allo = allopolyploïde ; [b] $x$, $y$ et $z$ représentent des génomes élémentaires haploïdes. Si $N$ est le nombre total de chromosomes caractéristique de chaque espèce, l'organisation du génome des autopolyploïdes est indiquée sous la forme $ax = N$ ($a$ valant 2 pour les espèces diploïdes, 4 pour les tétraploïdes, 6 pour les hexaploïdes, 8 pour les octoploïdes). Pour les espèces allopolyploïdes, l'organisation du génome est indiquée sous la forme $2(x,y)$ pour les tétraploïdes et $2(x,y,z)$ pour les hexaploïdes ; [c] les formes sauvages sont autotétraploïdes ($4x = 32$) ; [d] auto-octoploïde avec des parties du génome à comportement disomique (Lerceteau-Kölher, 2002).

# Le doublement du nombre de chromosomes

## Effet mitoclasique de certaines substances

En 1938, Blakeslee et Gavaudan, de façon indépendante, découvrent les propriétés d'une substance, la colchicine, issue du bulbe du colchique[58] ; elle est assez toxique pour la cellule vivante et elle a la propriété d'inhiber la formation du fuseau achromatique[59]. La métaphase se déroule normalement ; les chromatides se forment (par dédoublement des chromosomes). L'anaphase en revanche est inhibée ; il y a bien division des centromères mais comme il n'y a pas division de la cellule (c'est l'effet mitoclasique), il en résulte un doublement du nombre de chromosomes. S'il s'agit d'une cellule méristématique diploïde, les nouvelles cellules formées à partir de cette cellule seront elles-mêmes tétraploïdes et si cela concerne des couches cellulaires à l'origine des organes reproducteurs, les gamètes seront diploïdes. Il en résulte le plus souvent des plantes chimériques[60]. Par autofécondation des plantes traitées à la colchicine on peut obtenir des plantes diploïdes (issues de la fécondation de deux gamètes haploïdes, n'ayant pas été affectés), triploïdes (issues d'un gamète haploïde et d'un gamète diploïde résultant de l'action de la colchicine) ou tétraploïdes (issues de deux gamètes diploïdes). Ces dernières seront identifiées par un comptage chromosomique (très facile à automatiser aujourd'hui avec un cytofluorimètre de flux[61], Photo 14).

D'autres techniques peuvent être utilisées. Le protoxyde d'azote ($N_2O$ sous pression, sur plantules ou sur embryons, juste après la fécondation) a les mêmes effets que la colchicine sur l'inhibition du fuseau achromatique. Des chocs thermiques peuvent aussi induire le doublement chromosomique. Enfin, il faut souligner, même si cela n'est pas très pratiqué, que la fusion de protoplastes de deux cellules d'une même espèce pourrait être utilisée pour doubler le nombre de chromosomes (voir p. 110).

## Effets du doublement chromosomique

### Effets morphologiques et physiologiques du doublement

Les plantes autotétraploïdes, issues par doublement chromosomique d'une espèce diploïde, ont des cellules plus grandes, ce qui modifie leur morphologie et leur physiologie. Elles ont des feuilles plus grandes, se ramifient moins, sont souvent plus tardives. Les organes qu'elles forment sont moins nombreux et plus gros ; leurs graines sont plus grosses.

---

58. Petite plante à bulbe (liliacée) des prairies.

59. Fibres protéiques qui apparaissent au cours de la mitose et servent à la migration des chromatides aux deux pôles de la cellule-mère, avant séparation en deux cellules-filles.

60. C'est-à-dire avec des secteurs diploïdes et des secteurs tétraploïdes.

61. La simple observation de la taille des cellules stomatiques à la loupe binoculaire permet de faire un tri.

### *Effet du doublement sur la méiose et la fertilité*

La méiose d'une plante autotétraploïde est plus irrégulière que la méiose d'une plante diploïde. Cela est dû à la formation de multivalents, chaque chromosome pouvant former des chiasmas et recombiner avec trois chromosomes homologues. Il en résulte des figures complexes à l'anaphase I de la méiose avec, assez fréquemment, des migrations non symétriques, trois chromosomes se retrouvant à un pôle de la cellule subissant la méiose, et un seul à l'autre pôle. Cela conduit donc à une certaine proportion de gamètes aneuploïdes, plus ou moins viables, qui donneront eux-mêmes des zygotes aneuploïdes plus ou moins viables. Il en résulte en général une fertilité plus faible que celle des plantes diploïdes. Cependant, il est possible de sélectionner pour la fertilité.

### *Effet du doublement sur le fonctionnement des gènes et conséquences pour la sélection*

Pour les caractères quantitatifs, il a été observé, chez les plantes où la multiplication végétative est possible, que le doublement chromosomique d'un clone diploïde plus ou moins hétérozygote conduisait à une perte de vigueur (exemple chez la pomme de terre et chez la fétuque des prés), malgré des organes souvent plus gros (mais moins nombreux). Cet effet négatif du doublement chromosomique a même été observé chez des lignées de seigle : les lignées autotétraploïdes sont en moyenne moins productives que les lignées isogéniques diploïdes. Il s'explique en partie par la consanguinité développée par le doublement chromosomique (Encadré 3.1, Gillet et Gallais, 1985 ; Gallais, 2003).

Les conséquences pour la sélection sont donc qu'il faudra en général multiplier en panmixie le matériel obtenu par doublement si l'on veut faire une sélection de plantes $S_0$ pour développer des variétés synthétiques. Si l'on veut développer des lignées, il est évident qu'il vaut mieux dériver les lignées au niveau diploïde et doubler ensuite. D'une façon plus générale, se pose le problème de savoir si l'on peut sélectionner avant doublement ou si, au contraire, il faut d'abord doubler, et sélectionner ensuite. Les résultats expérimentaux montrent que pour des caractères très héritables (sans doute aussi génétiquement assez simples) il est possible de présélectionner au niveau diploïde. Par contre, pour des caractères quantitatifs (comme le rendement en biomasse) il ne faudra pas faire une sélection trop forte au niveau diploïde et sélectionner essentiellement après doublement.

## Utilisation du doublement chromosomique en amélioration des plantes

Le doublement du nombre chromosomique est très utilisé dans l'amélioration de certaines plantes fourragères (ray-grass, trèfle violet). Les graminées fourragères tétraploïdes, par rapport à leur forme isogénique diploïde, ont des feuilles plus longues et plus larges ; elles tallent moins, sont plus tardives, plus pérennes et plus résistantes aux maladies (rouilles). Leur teneur en eau est plus importante (le rendement en matière verte est supérieur de 10 à 15 %, pour un rendement en matière sèche souvent équivalent). Mais la modification essentielle, qui explique le développement des plantes autotétraploïdes, est une amélioration de l'appétibilité ou de la digestibilité du fourrage. Ce caractère est dû à une teneur en glucides

Encadré 3.1.

Effet négatif du doublement chromosomique sur la vigueur de clones hétérozygotes

À un locus, le doublement chromosomique d'une plante hétérozygote diploïde $A_1A_2$ donne un individu autotétraploïde $A_1A_1A_2A_2$, qualifié de digénique duplex, car il porte deux allèles différents, chacun en deux exemplaires identiques (dérivant par copie d'un même allèle). De même, l'autofécondation d'un individu autotétraploïde hétérozygote $A_1A_2A_3A_4$ (tétragénique[62], car portant quatre allèles différents au locus considéré) conduit également à des individus digéniques de type duplex ($A_1A_1A_2A_2$), mais aussi des individus de type $A_1A_1A_2A_3$, en proportion variable, selon le nombre de générations d'autofécondation. On peut donc considérer que le doublement chromosomique est l'équivalent d'un système de reproduction en consanguinité d'un autotétraploïde (le coefficient de consanguinité de 1/3 obtenu par doublement d'un diploïde hétérozygote[63] est celui qui est atteint après deux générations d'autofécondation chez un autotétraploïde tétragénique).

Au niveau de la moyenne d'un caractère quantitatif (polygénique) pour une population, cela est vérifié par l'observation suivante. Si l'on double le nombre chromosomique de tous les individus d'une population diploïde panmictique (ce qui conduit par exemple, pour un locus donné, à une population d'individus digéniques duplex $A_1A_1A_2A_2$, $A_3A_3A_4A_4$…) et que l'on multiplie en panmixie la nouvelle population, on observe une augmentation de vigueur au cours des générations de multiplication, c'est à dire au fur et à mesure que la consanguinité disparaît progressivement, à cause du développement de l'état tétragénique (à un locus il apparaît progressivement plus d'individus hétérozygotes de type $A_1A_2A_3A_4$). Chez un autotétraploïde, pour un caractère complexe sensible à la consanguinité, on observe donc :

valeur moyenne des duplex $A_1A_1A_2A_2$ < valeur moyenne des tétragéniques $A_1A_2A_3A_4$.

Cette moyenne des individus tétragéniques obtenus après multiplication en panmixie d'un grand nombre de plantes duplex, est proche (égale ou légèrement supérieure) à la moyenne de la population panmictique diploïde de départ, avec des individus pouvant être considérés hétérozygotes $A_1A_2$, $A_3A_4$,… :

valeur moyenne des tétragéniques $A_1A_2A_3A_4$ ≈ valeur moyenne des diploïdes hétérozygotes $A_1A_2$.

Cela pourrait être dû à l'absence d'interactions entre allèles identiques chez les deux types de génotypes, ces interactions ayant un effet défavorable sur la régulation des gènes (Gallais, 2003).

Il en résulte alors :

valeur moyenne des duplex $A_1A_1A_2A_2$ < valeur moyenne des diploïdes hétérozygotes $A_1A_2$, d'où la perte de vigueur observée suite au doublement chromosomique.

plus importante, du fait d'un volume cellulaire plus grand. Dans le cas du trèfle violet les variétés autotétraploïdes sont aussi plus pérennes, du fait d'un couvert végétal moins favorable au développement de certaines maladies (par exemple, la sclérotiniose) et d'une résistance plus importante aux nématodes. En contrepartie de ces avantages, l'inconvénient du doublement chromosomique pour les graminées fourragères est que cela conduit à des plantes à talles plus grosses mais moins nombreuses, donc plus adaptées à la fauche (pour ensilage) qu'à la pâture.

---

62. Il s'agit de tétragéniques du point de vue de l'origine des allèles, c'est-à-dire que les quatre allèles sont indépendants, sans relation d'identité entre eux.

63. Le coefficient de consanguinité représente la probabilité que deux allèles tirés au hasard dans un zygote soient identiques.

Dans le cas de la betterave à sucre, après des essais de variétés autotétraploïdes, c'est finalement vers la création de variétés triploïdes que le sélectionneur s'est tourné. Chez cette plante, le doublement du nombre de chromosomes se traduit par une racine avec un sillon saccharifère moins profond, ce qui contribue à diminuer ce que l'on appelle la tare-terre c'est-à-dire la quantité de terre retenue par les racines. Cependant, du point de vue du rendement, il semble exister un optimum pour le niveau de ploïdie, qui correspond plutôt au niveau triploïde. On a donc intérêt à produire des variétés triploïdes. Dans les années 1950 à 1970, les variétés étaient des semi-hybrides résultant de croisements non contrôlés[64] entre familles de plantes diploïdes et familles de plantes tétraploïdes, avec récolte en mélange. Du fait d'une fertilité femelle plus faible des auto-tétraploïdes, ce mélange était formé d'environ 40 % de diploïdes, 50 % de triploïdes et 10 % de tétraploïdes. Depuis la découverte de la stérilité mâle nucléo-cytoplasmique, on sait produire des variétés constituées uniquement de plantes triploïdes (la lignée parente femelle étant diploïde sur cytoplasme de stérilité, maintenue par voie sexuée grâce à la lignée mainteneuse, et le parent mâle étant tétraploïde, quelconque du point de vue des gènes de fertilité, puisqu'il n'est pas nécessaire de restaurer la fertilité). Aujourd'hui, le niveau d'amélioration du matériel végétal permet de développer des variétés hybrides diploïdes facilitant l'exploitation de la variabilité génétique.

La pastèque sans pépins est un autre exemple d'utilisation de la triploïdie. Les plantes triploïdes sont parthénocarpiques : il peut y avoir développement du fruit sans fécondation ; cependant, il faut une stimulation par le pollen issu de plantes diploïdes. Pour la production on installe donc dans le champ de triploïdes environ 1/5 de plantes diploïdes pollinisatrices. La méiose des plantes triploïdes est très irrégulière et la probabilité qu'elle conduise à des ovules équilibrés, haploïdes ou diploïdes, est très faible ; la présence de quelques graines n'est toutefois pas exclue. La production des graines triploïdes se fait par le croisement d'une femelle tétraploïde avec un mâle diploïde.

La triploïdie est aussi utilisée pour produire la mandarine et le citron vert sans pépins, très appréciés par le consommateur. Il faut aussi rappeler que la banane que nous consommons est généralement un triploïde, apparu naturellement, mais qui est maintenant reproduit de façon artificielle. La banane avec graines n'est appréciée que des singes !

En amélioration des plantes florales (pour le pétunia, par exemple) le doublement chromosomique est aussi utilisé : il permet d'avoir des fleurs plus grandes, voire stériles. Les plantes triploïdes, étant souvent stériles et n'investissant pas, ou moins, dans la production de graines, ont en général une durée de floraison plus longue que les plantes diploïdes (exemple de l'œillet d'Inde).

## Création d'espèces allopolyploïdes

La maîtrise du doublement chromosomique permet la reconstitution, appelée resynthèse, d'espèces allopolyploïdes existant déjà et la création d'espèces nouvelles. Là encore, c'est une source de nouvelle variabilité génétique.

---

64. Une proportion plus ou moins forte des plantes obtenues n'étaient donc pas des hybrides mais résultaient d'une fécondation au sein des familles parentales.

## Resynthèse d'espèces allopolyploïdes existantes

Plusieurs exemples de resynthèse d'espèces cultivées peuvent être donnés.

### Resynthèse du colza

Le colza (*Brassica napus*) est un allotétraploïde dont le génome est composé de deux génomes diploïdes : *AA*, celui de la navette *Brassica campestris*, et *CC*, celui du chou *Brassica oleracea*.[65] L'allopolyploïdie est fréquente dans la famille des Brassicacées. Le triangle de U (1935) schématise les relations entre certaines espèces de Brassicacées (Figure 3.2). Il est possible de recréer les Brassicacées allopolyploïdes. Ainsi, le colza peut être recréé, par l'hybridation entre le chou et la navette ; l'hybride est stérile, mais le doublement chromosomique restaure la fertilité et conduit bien au colza (génome *AACC*). C'est une méthode utilisée pour récupérer une variabilité génétique qui n'est présente que dans les ancêtres du colza. Ainsi, grâce à cette reconstitution, on a pu trouver des plantes dont les graines ont une faible teneur en acide linolénique[66], ce qui n'existait pas dans l'espèce colza « naturelle ».

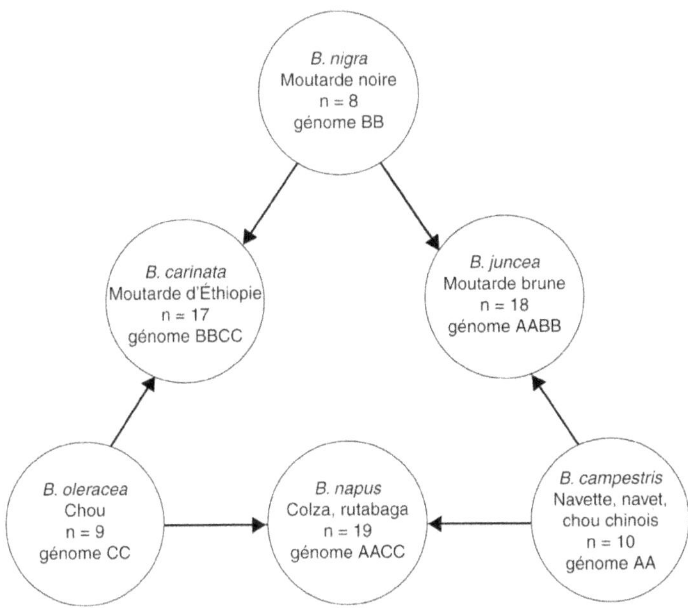


**Figure 3.2.** Le triangle de U : schématisation des relations entre différentes espèces de Brassicacées. Des croisements spontanés, deux à deux, des trois espèces diploïdes situées aux sommets du triangle sont à l'origine des trois autres espèces, qui sont donc allotétraploïdes.

---

65. *A* et *C* ne sont pas ici des allèles, mais des génomes élémentaires ; *A* est constitué de dix chromosomes, *C* de neuf chromosomes.

66. Ces graines donnent une huile utilisable pour la friture.

### Resynthèse d'une espèce de cotonnier

Quatre espèces de cotonnier sont cultivées ; deux sont diploïdes (*Gossypium arboreum* et *Gossypium herbaceum*) et deux sont allotétraploïdes (*Gossypium barbadense* et *Gossypium hirsutum*). Cette dernière est l'espèce la plus cultivée ; son génome peut s'écrire *AADD*. Le croisement de *Gossypium arboreum* ($2x = 26$), de génome *AA*, avec une autre espèce diploïde non cultivée, *Gossypium thurberi* ($2x = 26$), de génome *DD*, donne une $F_1$ stérile de génome *AD*. Son doublement chromosomique conduit à *Gossypium hirsutum* ($2(x,y) = 52$). On peut aussi doubler d'abord les parents (obtenir *AAAA* et *DDDD*) puis, par croisement, obtenir une $F_1$ qui sera fertile (*AADD*). Cette resynthèse a contribué à l'augmentation de la variabilité génétique disponible pour le sélectionneur.

### Resynthèse du blé tendre

Le génome du blé tendre (*Triticum aestivum*) est formé de trois génomes diploïdes (*AA*, *BB* et *DD*). On connaît l'espèce donneuse du génome *A*, *Triticum urartu*, et celle du génome *D*, *Triticum tauschii* (= *Aegilops squarrosa*), mais l'espèce donneuse du génome *B* n'est pas clairement identifiée (il pourrait s'agir de *Aegilops speltoides*). Par contre, les espèces allotétraploïdes *AABB* sont bien connues, par exemple *Triticum diccoides*, *Triticum dicoccum*, *Triticum polonicum*, *Triticum durum*. Elles sont maintenant considérées comme des sous-espèces de *Triticum turgidum*. Il est donc possible de reconstituer le blé tendre à partir d'espèces de génomes *AABB*, comme le blé dur (*Triticum turgidum* ssp *durum*), croisées avec une espèce de génome *DD*, *Triticum tauschii*, ce qui conduit à une $F_1$ *ABD*, stérile. Le doublement du nombre chromosomique conduit au génome *AABBDD* du blé tendre. Cette reconstitution a permis d'introduire dans le blé tendre des gènes de résistance aux maladies et des gènes de qualité (du gluten, par exemple) qui n'étaient pas présents auparavant. Ainsi, 15 % des croisements réalisés au Centre international d'amélioration du maïs et du blé (CIMMYT[67]) font intervenir des blés synthétiques.

## Synthèse d'espèces allopolyploïdes nouvelles grâce au doublement chromosomique

La synthèse d'espèces nouvelles a pu être réalisée par l'utilisation du croisement entre deux espèces assez voisines, suivi du doublement chromosomique. Plusieurs exemples peuvent en être donnés.

### Synthèse du triticale (hybride blé × seigle)

L'avantage de cette nouvelle espèce est de réunir certaines qualités du grain du blé et la rusticité du seigle. Cultivée maintenant depuis une trentaine d'années, elle a d'abord été obtenue par l'hybridation entre le blé tendre (*Triticum aestivum*, génome *AABBDD*), pris comme femelle, et le seigle (*Secale cereale*, génome *RR*). Il existe toutefois des barrières au croisement, dues à la présence dans la plupart des variétés de blé, de gènes qui inhibent la croissance des tubes polliniques du

---

67. *Centro internacional de mejoramiento de maiz y trigo*

seigle dans les styles du blé. L'hybride est stérile, mais après doublement chromosomique on a pu obtenir, difficilement, une nouvelle espèce fertile, le triticale (génome *AABBDDRR*). Ces premiers triticales, appelés triticales primaires, étaient octoploïdes et avaient un génome instable et ils ont dû être recroisés plusieurs fois entre eux et sélectionnés sur la stabilité chromosomique (Charrier et Bernard, 1981). Aujourd'hui, on préfère développer des triticales hexaploïdes, par croisement du blé dur, allotétraploïde, *Triticum turgidum* (*AABB*) et du seigle, pour obtenir une espèce *AABBRR* dont le génome est plus stable et les caractéristiques agronomiques plus intéressantes (épi plus gros). Ces formes plus stables ont été croisées avec des octoploïdes, ce qui a conduit aux hexaploïdes actuels, par élimination rapide du génome *D* dans les descendances. Pour regagner en variabilité génétique au niveau des génomes *A et B*, on peut recroiser avec le blé tendre.

### Synthèse du caféier Arabusta (hybride Coffea arabica × Coffea canephora)

Le caféier *Coffea arabica* ($2(x,y) = 44$) donne un café de très bonne qualité, mais il est sensible aux maladies et adapté seulement aux climats tropicaux d'altitude. À l'opposé, le caféier robusta, *Coffea canephora* ($2x = 22$), plus rustique, est adapté aux climats tropicaux plus chauds en basse altitude, mais son café est de moindre qualité et riche en caféine. Par l'hybridation des deux espèces, on espérait réunir des qualités des deux parents, afin d'obtenir un caféier ayant une aire d'adaptation plus large que celle de *Coffea arabica* et avec une qualité meilleure que celle de *Coffea canephora*. L'hybride Arabusta, *Coffea arabica* × *Coffea canephora*, a été produit après doublement chromosomique de *Coffea canephora* (Charrier et Bernard, 1981). Mais la méiose présente des irrégularités et il en résulte une moindre fertilité. Les hybrides les plus productifs ont été multipliés par voie végétative (du fait de la facilité de multiplication végétative des meilleures plantes et de l'hétérogénéité, combinée à la dépression de consanguinité, qui apparaît en consanguinité), alors que *Coffea arabica* est reproduit par graines. On a cherché à améliorer les premiers hybrides par différentes voies, en remplaçant *Coffea canephora* par une espèce proche, dite affine, *Coffea congensis,* ou par leur hybride, *Coffea congusta* (*Coffea canephora* × *Coffea congensis*), en passant par une génération de recroisement avec *Coffea arabica* pour stabiliser le génome, et en sélectionnant ensuite pour la fertilité pendant plusieurs générations de croisements. Cependant, les progrès réalisés sont modestes et la diffusion de ce type de matériel est restée limitée.

### Synthèse de nouvelles espèces de plantes ornementales

La création d'espèces nouvelles par croisement interspécifique est aussi très utilisée, depuis longtemps, bien avant la découverte de la génétique, chez les plantes ornementales. Chez ces espèces, la fertilité n'est que rarement recherchée et la multiplication végétative est souvent possible, ce qui correspond à deux avantages importants pour le développement de croisements interspécifiques ; les produits de croisement entre espèces peuvent donc être utilisés directement s'ils présentent un intérêt esthétique. De ce fait, de nombreuses variétés sont issues de croisements interspécifiques ; déjà au XVIIIe siècle, plusieurs milliers de « variétés » de roses avaient été obtenues par cette voie. Aujourd'hui, de nouvelles variétés de *Forsythia*, de *Weigela* et de *Berberis* ont été obtenues par croisement de deux espèces.

## Allopolyploïdisation de génomes autopolyploïdes et fixation de l'hétérosis

Les plantes allopolyploïdes présentent en général une vigueur hybride moins marquée que des plantes diploïdes allogames : la valeur d'un hybride $F_1$ est souvent comprise entre les valeurs des deux parents et elle est rarement supérieure à la valeur du meilleur parent, l'hétérosis est donc faible. Corrélativement, elles sont moins sensibles à la consanguinité. Cela pourrait être dû au fait que de nombreuses espèces allopolyploïdes sont autogames (Tableau 3.1) ; en effet, chez les plantes autogames, comme nous l'avons déjà souligné, le fardeau génétique à l'origine de la dépression de consanguinité tend à être éliminé par la sélection naturelle, et l'hétérosis dû à la dominance des gènes favorables est donc faible.

Les espèces autogames diploïdes peuvent aussi avoir fixé, au cours de leur évolution, l'hétérosis dû à la superdominance, par une simple duplication du locus en cause, comme indiqué par la figure 3.3a. Dans une telle situation, en effet, l'effet favorable des interactions entre les allèles $A$ et $a$ se retrouve sous forme d'interactions entre gènes non allèles (épistasie) chez un génotype homozygote $A_1A_1a_2a_2$ (l'indice 1 et 2 représentant les deux locus après duplication). Ce phénomène a dû se produire au cours de l'évolution de certaines espèces (Ohno, 1970). On observe d'ailleurs chez certaines espèces diploïdes autogames, comme chez l'orge et le riz, de nombreux cas de caractères à hérédité digénique (contrôlée par deux locus) qui pourraient résulter de la duplication d'un locus. Avec les outils aujourd'hui à sa disposition, le généticien-sélectionneur en reproduisant ce mécanisme pourrait donc fixer l'hétérosis dû à la superdominance à un nombre limité de locus.

Dans le cas d'espèces allopolyploïdes ayant des génomes élémentaires fortement homéologues (qui dérivent sans doute d'un même génome diploïde ancêtre par polyploïdisation puis par différenciation progressive) il y a aussi la possibilité de fixation d'un hétérosis dû à la superdominance. En effet, dans de telles situations, ce n'est plus un seul locus, mais le génome entier, de l'espèce diploïde qui est dupliqué, ce qui conduit à un autotétraploïde ; la différenciation progressive de chromosomes homologues au cours de nombreuses générations et la sélection naturelle pour une méiose régulière conduisent à une allotétraploïdisation (transformation d'un autotétraploïde en allotétraploïde). Les relations de superdominance à un locus présentes dans le génome diploïde de départ peuvent alors être fixées chez l'allopolyploïde ; comme précédemment avec la duplication d'un locus, elles sont transformées en relations d'interactions entre locus (épistasie), comme schématisé dans la figure 3.3b. Ainsi, le blé tendre, espèce comprenant trois génomes homéologues ($A$, $B$ et $D$), serait un exemple de fixation naturelle de l'hétérosis par allopolyploïdisation.

Des études pour allotétraploïdiser des autotétraploïdes ont été entreprises, pour voir si l'hétérosis dû à la superdominance pouvait être fixé (voir, par exemple, les travaux de Doyle, 1979, 1982). Mais le problème est complexe et, pour le moment, ces travaux n'ont pas été couronnés de succès.

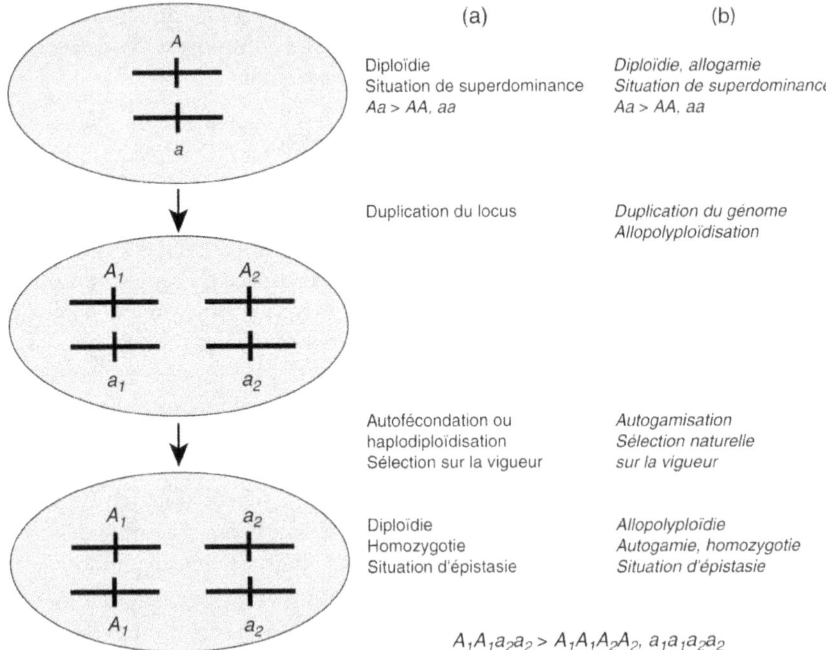



**Figure 3.3.** La fixation de l'hétérosis dû à la superdominance par duplication d'un locus (a) ou par la duplication d'un génome suivie d'allopolyploïdisation (b).

(a) Supposons qu'il y ait superdominance au locus (la valeur de l'hétérozygote *Aa* supérieure aux valeurs des homozygotes *AA* et *aa*). La duplication du locus conduit au génotype $A_1a_1$ $A_2a_2$, les indices 1 et 2 représentent les deux locus ainsi obtenus. Par autofécondation ou haplodiploïdisation à partir de ce génotype, il est possible d'obtenir des génotypes homozygotes $A_1A_1a_2a_2$ ou $a_1a_1A_2A_2$. L'interaction entre les deux allèles, *A* et *a*, entraînant la superdominance dans le génotype de départ réduit à un locus, se retrouve dans ces génotypes homozygotes sous la forme d'une interaction entre *A* à un locus et *a* à l'autre locus, ce qui est, par définition, de l'épistasie : cela peut donc conduire à une fixation de l'hétérosis. (b).Ce schéma peut aussi illustrer la fixation de l'hétérosis dû à la superdominance chez les plantes allogames, par duplication du génome et allopolyploïdisation, et, parallèlement, évolution vers l'état autogame, avec sélection naturelle sur la vigueur.

## Manipulation des chromosomes au niveau intraspécifique

Chez les espèces allopolyploïdes, qui peuvent supporter la disparition de certains chromosomes (du fait d'une compensation par les chromosomes homéologues), il est possible d'avoir différents types de génotypes présentant des variations dans le nombre de chromosomes d'un groupe d'homologie (normalement, chez les allopolyploïdes, chaque groupe d'homologie est constitué de deux chromosomes homologues). Ainsi chez le blé, il a été possible de développer soit des lignées caractérisées par l'absence d'un chromosome pour un groupe d'homologie donné (on parle de génotypes monosomiques), soit des lignées caractérisées par l'absence des deux chromosomes homologues (on parle de génotypes nullisomiques). Il est aussi possible, dans un groupe d'homologie d'une variété, de remplacer les deux chromosomes homologues par deux chromosomes homologues d'une autre variété. On parle alors de lignées de substitution intervariétale.

## Développement et utilisation des monosomiques

Des plantes monosomiques apparaissent spontanément chez le blé, par accident au cours du déroulement de la méiose. Le problème est de les identifier, et il peut être difficile d'obtenir, pour une variété donnée, V, toute la série de monosomiques possibles (soit 21 chez le blé tendre, puisque cette espèce possède 42 chromosomes répartis dans 21 groupes d'homologie). Une méthode plus simple et plus rapide, chez le blé tendre, est de partir de la gamme complète des monosomiques qui est maintenue chez la variété Chinese Spring. Il suffit de procéder par une série de rétrocroisements avec sélection. La variété V est le parent receveur ; une variété monosomique de Chinese Spring est le parent donneur, utilisé comme mâle. La $F_1$ sera constituée de plantes euploïdes, à 42 chromosomes, et de plantes monosomiques, à 41 chromosomes, avec le chromosome hémizygote (chromosome qui n'a plus son homologue) dérivant de la variété receveuse. Au cours des rétrocroisements il suffit de sélectionner à chaque génération un génotype monosomique.

Les monosomiques peuvent être utilisés en croisement avec une lignée normale (euploïde) pour localiser un chromosome porteur de gènes dont l'effet est facile à identifier, comme des gènes de résistance aux maladies. Cela suppose toutefois que la lignée normale porte l'allèle récessif de résistance ou de sensibilité tandis que la lignée monosomique porte l'allèle dominant. On croise alors tous les monosomiques d'une lignée (les 21 chez le blé) avec la lignée porteuse du gène dont on veut localiser le chromosome porteur. Parmi les descendants de ces croisements, après infection pour la maladie, on observe s'il y a un croisement conduisant à une ségrégation entre plantes résistantes et plantes sensibles (en proportion ½ et ½, en théorie). Si tel est le cas, le gène de résistance ou de sensibilité se trouve sur le chromosome du groupe d'homologie donné par la lignée monosomique utilisée (Encadré 3.2).

## Développement et utilisation des nullisomiques

L'obtention de lignées nullisomiques est immédiate à partir d'un génotype monosomique. En effet, l'autofécondation de celui-ci donne en théorie ¼ d'euploïdes, ½ de monosomiques et ¼ de nullisomiques. À la différence des monosomiques, les nullisomiques sont parfaitement reproductibles en autofécondation.

Les nullisomiques peuvent être utilisés pour la localisation d'un caractère. Si la disparition d'une paire chromosomique entraîne la disparition d'un caractère, par exemple une résistance à une maladie, c'est que le gène de résistance est situé sur cette paire chromosomique. C'est donc un procédé de cartographie utile quand on peut disposer d'un tel matériel. Il a en particulier été utilisé chez le blé tendre pour identifier le chromosome (*6A*) porteur des gènes codant pour la synthèse des protéines (alpha – gliadines) impliquées dans l'intolérance au gluten (maladie cœliaque) (Ciclitiria *et al.*, 1980).

Considérons d'abord une résistance monogénique récessive, avec l'allèle de résistance, $s$, chez la lignée porteuse et l'allèle de sensibilité, $S$ (dominant), chez la lignée monosomique.

Notons par MM-$(C_M$-$S)$ le génome de la lignée monosomique pour le groupe d'homologie C qui porte l'allèle $S$ et par LL-$(C_L$-$s//C_L$-$s)$ celui d'une lignée normale qui porte l'allèle $s$. Le croisement de cette lignée monosomique avec une lignée normale donne une ségrégation :
½ ML-$(C_M$-$S//C_L$-$s)$, ½ ML-$(C_L$-$s)$

Après une infection artificielle, les plantes monosomiques pour le chromosome de la lignée porteuse, ML-$(C_L$-$s)$, se révèleront donc résistantes alors que les autres plantes (euploïdes) issues du croisement seront sensibles.

Le croisement avec une autre lignée monosomique (pour un groupe d'homologie différent) conduira pour le groupe d'homologie C uniquement à des plantes ML-$(C_M$-$S//CL$-$s)$, qui seront sensibles.

En revanche dans la situation inverse, avec l'allèle de résistance, $s$, chez la lignée monosomique et l'allèle de sensibilité, $S$, chez la lignée porteuse, la descendance de l'hybride aura pour composition :
½ ML-$(C_M$-$s//C_L$-$S)$, ½ ML-$(C_L$-$S)$

Toutes les plantes apparaîtront sensibles.

Il est possible de faire le même raisonnement pour un allèle dominant de résistance, $R$, (et son allèle de sensibilité, $r$), avec les deux situations : soit la lignée porteuse euploïde possède l'allèle de sensibilité $r$ et la lignée monosomique porte l'allèle de résistance $R$, soit l'inverse. Dans la descendance de l'hybride lignée porteuse × lignée monosomique il n'y aura ségrégation entre plantes résistantes et plantes sensibles que si la lignée porteuse possède l'allèle récessif $r$.

Donc, l'observation d'un croisement où il y a une ségrégation pour la résistance permet d'identifier immédiatement le chromosome porteur de l'allèle de résistance ou de sensibilité.

## Développement et utilisation des lignées de substitution intervariétale

Dans ce type de lignées, une paire de chromosomes d'un génotype est remplacée par une paire homologue d'un autre génotype. Le parent A, receveur des chromosomes, doit être monosomique ; le donneur B est euploïde. En $F_1$ on sélectionne une plante monosomique : son chromosome hémizygote vient nécessairement du donneur B. Puis, par rétrocroisement avec le monosomique récurrent A, à chaque génération on sélectionne une plante monosomique possédant, pour le groupe d'homologie concerné, uniquement un chromosome du donneur. Ainsi, à chaque génération de recroisement, le chromosome du donneur B est transmis intact. En terminant par une autofécondation et en sélectionnant des plantes euploïdes, on obtient alors une lignée de substitution, avec une paire chromosomique de B qui a remplacé la paire homologue de A. La difficulté est dans la conduite des rétrocroisements : en effet, à chaque rétrocroisement, il apparaît deux sortes de monosomiques, des monosomiques porteurs du chromosome de B et des monosomiques porteurs du chromosome de A, qui ne sont pas faciles à distinguer.

Si un caractère nouveau apparaît au niveau de la lignée de substitution, c'est qu'il est porté par les chromosomes introduits ou qu'il est dû à une interaction entre des gènes des chromosomes introduits et des gènes de chromosomes des autres paires.

## Transfert de gènes par croisement entre espèces plus ou moins éloignées

Les échanges de gènes entre espèces, par croisement, peuvent être plus ou moins faciles. Ainsi, selon la facilité d'échanges des gènes entre une espèce cultivée et des espèces sauvages plus ou moins apparentées, on peut distinguer trois groupes (Harlan et de Wet, 1971) :
– le pool primaire, au sein duquel les échanges de gènes sont naturellement faciles ; cela correspond au concept biologique d'espèce ;
– le pool secondaire, avec lequel les échanges sont possibles mais ne se font pas naturellement car il existe certaines barrières reproductives (par exemple, les espèces ne partageant pas la même aire de distribution, ou n'ayant pas le même niveau de ploïdie) ; les hybrides sont viables, mais ils peuvent manifester une certaine stérilité, nécessitant le doublement de leur stock chromosomique ;
– le pool tertiaire, où les croisements avec l'espèce cultivée peuvent encore être effectués, bien que difficilement, les hybrides étant souvent létaux ou complètement stériles du fait de l'existence de fortes barrières reproductives à différents niveaux (par exemple, non-fécondation, embryons non viables…).

Pour l'introgression de gènes d'une espèce sauvage dans le génome d'une espèce cultivée, si les barrières à l'échange de gènes ne sont pas trop fortes (cas d'espèces du pool primaire ou secondaire), il pourra être fait appel au rétrocroisement (voir p. 65 pour plus de détails sur cette méthode). Dans le cas d'espèces du pool tertiaire, il faut mettre en œuvre des outils particuliers : culture d'embryons, manipulation du stock chromosomique (doublement chromosomique de l'hybride, ou d'un parent, ou haploïdisation pour ramener le nombre chromosomique d'un parent à celui de l'autre parent), fusion de protoplastes… En plus de la manipulation des niveaux de ploïdie, il pourra être nécessaire d'avoir recours à des espèces ponts ou à des lignées d'addition ou de substitution interspécifiques (voir ci-dessous).

## Rétrocroisement avec une espèce différente

Un exemple de transfert de gènes entre espèces par rétrocroisement est celui de la transmission de la résistance à la bactériose, du cotonnier *Gossypium barbadense* à *Gossypium hirsutum*. Ces deux espèces de cotonnier allotétraploïdes ($2(x,y) = 52$) ont, en effet, des génomes très proches.

Un autre exemple est celui du transfert de gènes d'espèces sauvages de pomme de terre diploïdes (par exemple, *Solanum demissum*, *Solanum phureja*) à l'espèce cultivée autotétraploïde *Solanum tuberosum*. Cependant, dans ce cas, avant d'entreprendre le rétrocroisement, le génome de l'espèce cultivée est ramené à l'état diploïde, pour faciliter le croisement avec les espèces diploïdes sauvages. Il serait possible, inversement, de doubler le génome du parent sauvage, mais le rétrocroisement se fait plutôt à l'état diploïde, car le retour vers le parent récurrent est ainsi beaucoup plus rapide que s'il se faisait à l'état autotétraploïde. Après trois rétrocroisements, on peut considérer que l'élimination du génome de l'espèce donneuse est suffisante et on peut donc repasser à l'état tétraploïde par doublement du nombre chromosomique, soit par traitement à la colchicine, soit par fusion de protoplastes.

## Utilisation d'espèces ponts pour le croisement de deux espèces

Dans le cas où l'espèce sauvage dont on veut transférer un gène est assez éloignée de l'espèce cultivée et se croise difficilement avec elle, il est possible d'avoir recours à une espèce pont, qui se croise bien à la fois avec l'espèce sauvage et avec l'espèce cultivée. Soit $E_c$ une espèce cultivée, $E_s$ l'espèce sauvage donneuse de gènes. Le croisement $E_c \times E_s$ est stérile, mais $E_c$ et $E_s$ donnent des croisements fertiles avec une même espèce $E_p$. On fait le croisement $(E_s \times E_p)$ et cette $F_1$ est croisée avec l'espèce $E_c$.

Cette méthode a été utilisée avec succès chez le blé tendre, *Triticum aestivum,* pour l'introduction de la résistance au piétin verse (maladie de la base des tiges) d'une graminée sauvage, *Aegilops ventricosa* (Figure 3.4) (il a été possible, plus tard, de faire

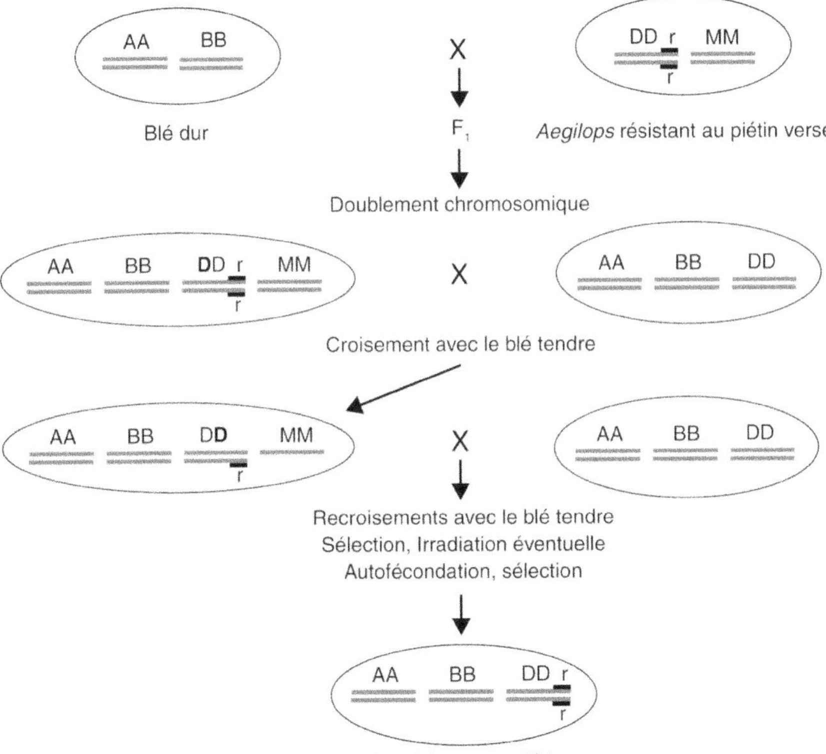


**Figure 3.4.** Transfert de gènes par l'utilisation d'une espèce pont. Exemple du transfert chez le blé tendre du gène de la résistance au piétin verse d'*Aegilops ventricosa* (Maïa, 1967).

Lorsque des plantes de structure génomique *AABBDDM* ont été obtenues, elles sont recroisées avec le blé tendre avec sélection pour la résistance au piétin verse après chaque recroisement. Le problème est d'obtenir une recombinaison entre les chromosomes du génome *D* du blé tendre et ceux du génome *D* d'*Aegilops ventricosa*. Dans l'expérience de Maïa (1967), cette recombinaison s'est produite spontanément, mais elle aurait pu être induite par une irradiation qui provoque des cassures chromosomiques comme dans d'autres expériences de ce type (Sears, 1981). Les tests de résistance et l'observation de la structure génomique permettent alors d'isoler des génotypes *AABBDD* ayant incorporé au génome *D* du blé tendre un petit segment chromosomique venant du génome *D* d'*Aegilops ventricosa* et portant la résistance au piétin verse.

le croisement direct entre les deux espèces). Le blé dur, *Triticum turgidum ssp carthlicum,* est l'espèce pont, *Aegilops ventricosa* est l'espèce donneuse de gènes (allèle *r,* conférant la résistance au piétin verse) et *Triticum aestivum* est l'espèce receveuse. Après avoir croisé *Triticum turgidum* et *Aegilops ventricosa* et doublé le nombre chromosomique de leur $F_1$, on croise cette $F_1$ doublée avec *Triticum aestivum* et on continue ensuite par rétrocroisement avec *Triticum aestivum,* pour ramener à un fond génétique *Triticum aestivum.* Au cours de ces rétrocroisements, il se produit des recombinaisons entre le chromosome 7 du génome *D* de *Triticum aestivum* et le chromosome *7D,* homéologue, d'*Aegilops ventricosa.* En fait, chez les blés tendres introgressés résistants au piétin verse, c'est un fragment chromosomique issu d'*Aegilops ventricosa* qui a été introduit et qui est présent dans environ 15 % des variétés de blé commercialisées aujourd'hui ! Les méthodes utilisées ici, longues et un peu aléatoires, constituent un exemple de transgénèse avant la lettre.

Chez la pomme de terre (*Solanum tuberosum*) la résistance au mildiou de *Solanum demissum* a aussi été introduite par cette méthode. *Solanum simplicifolium* est pris comme espèce pont, *Solanum demissum* est l'espèce donneuse, et *Solanum tuberosum* est l'espèce receveuse.

## Développement et utilisation de lignées d'addition interspécifiques

Chez le blé tendre, ont été développées des lignées ayant, en plus de leur génome normal *AABBDD,* un autre chromosome homéologue d'une autre espèce : elles sont appelées lignées d'addition interspécifiques. Elles ont pu être développées avec des chromosomes d'*Agropyron,* de seigle (*Secale cereale*), d'*Aegilops,* d'*Haynaldia* et d'orge (*Hordeum vulgare*) et ont ainsi permis le transfert de gènes de ces espèces vers le blé tendre. Pour obtenir des recombinaisons entre chromosomes homéologues (l'un issu du blé et l'autre de l'espèce donneuse), l'irradiation (aux rayons X) a été utilisée : un fragment chromosomique de l'espèce donneuse peut ainsi s'insérer dans le génome du blé. Il est ensuite fixé à l'état homozygote par autofécondation et sélection. C'est ainsi que la résistance à la rouille jaune d'*Aegilops comosa* et la résistance à l'oïdium du seigle ont été introduites chez le blé tendre (Figures 3.5 et 3.6).

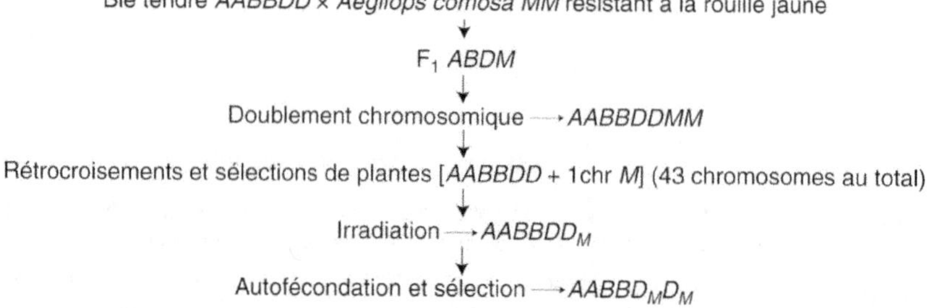


**Figure 3.5.** Exemple de l'introduction de la résistance à la rouille jaune chez le blé tendre à partir d'*Aegilops comosa.*

Après chaque rétrocroisement avec le blé tendre on sélectionne les plantes résistantes ayant le génome du blé tendre (soit 42 chromosomes) plus un chromosome du génome *M* d'*Aegilops comosa* (celui portant le gène qui confère la résistance à la rouille jaune et qui est homéologue d'un chromosome du génome *D* du blé). Le génome *D*$_M$ est le génome *D* du blé dont l'un des chromosomes a intégré par recombinaison un fragment de ce chromosome du génome *M*.

Blé tendre *AABBDD* × seigle *RR*
↓
$F_1$ *ABDR*
↓
Doublement chromosomique → *AABBDDRR*
↓
Rétrocroisement avec le blé tendre (*AABBDD*)
↓
*AABBDDR*
↓
Autofécondation (méiose irrégulière)
↓
[*AABBDD* + 0 à 7 chromosomes de seigle]
↓
Sélection de plantes résistantes [*AABBDD* + 1 chr *R*] ou [*AABBDD* + 2 chr *R*]
↓
Irradiation → $AABBDD_R$
↓
Autofécondation et sélection des plantes résistantes $AABBD_RD_R$

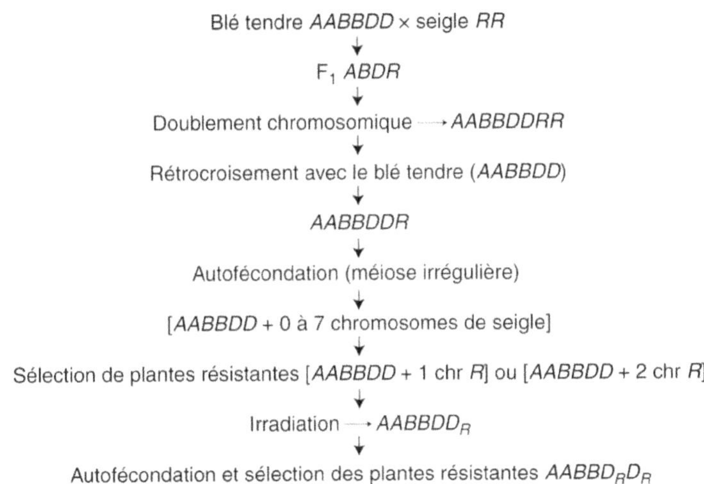

**Figure 3.6.** Exemple de l'introduction de la résistance à l'oïdium chez le blé tendre à partir du seigle. On sélectionne les plantes ayant le génome du blé tendre (soit 42 chromosomes) plus un chromosome (ou deux chromosomes homologues) du génome *R* du seigle (chromosome portant le gène qui confère la résistance à l'oïdium et homéologue d'un chromosome du génome *D* du blé). Le génome $D_R$ est le génome *D* du blé dont l'un des chromosomes a intégré par recombinaison un fragment de ce chromosome du génome *R*.

## Développement de lignées de substitution interspécifiques

Les lignées d'addition interspécifiques décrites ci-dessus peuvent être le point de départ du développement de lignées de substitution. Le ou les chromosomes issus d'une autre espèce qui sont introduits dans le génome compensent l'absence de celui ou ceux qui ont été retirés. Chez le blé tendre, de telles lignées ont été développées avec des chromosomes d'*Agropyron*, de seigle et d'*Aegilops* (Figure 3.7). Elles ont permis le transfert de gènes de ces espèces dans le génome du blé tendre.

a) Lignées d'addition [*AABBDD* + 1 chr *R*]

Autofécondation, tri
↓
[*AABBD(D-1)* + 1 chr *R*] et [*AABBD(D-2)* + 2 chr *R*]

b) Lignée d'addition × lignée monosomique

[*AABBDD* + 1 chr *R*] × [*AABBD(D-1)*]
↓
[*AABBD(D-1)* + 1 chr *R*]

**Figure 3.7.** Obtention de lignées de substitution interspécifiques entre le blé tendre et le seigle. (*D-1*) ou (*D-2*) représente le génome haploïde *D* avec un ou deux chromosomes de moins. Il existe deux méthodes pour obtenir des lignées de substitution du blé tendre. La méthode (*a*) consiste à autoféconder une lignée d'addition, ayant incorporé un chromosome du génome *R* du seigle (génome noté [*AABBDD* + 1chr *R*]), puis à sélectionner les plantes ayant perdu un ou deux chromosomes d'un génome *D* du blé, tout en ayant un ou deux chromosomes homologues du seigle. La méthode (*b*) consiste à croiser la lignée d'addition avec une lignée monosomique du blé (lignée dont un génome *D* a perdu un chromosome).

## Problème de la recombinaison dans les croisements interspécifiques

Même si la F$_1$ d'un croisement interspécifique n'est pas stérile, en F$_2$, il peut y avoir de fortes restrictions à la recombinaison. Ainsi, chez les cotonniers, la F$_2$ du croisement *Gossypium hirsutum* × *Gossypium barbadense* est constituée de plantes proches des parents. Pour favoriser les échanges de gènes, la solution peut être dans la création de lignées d'addition. Cependant, lorsqu'un chromosome venant d'une espèce différente est introduit dans le génome d'une autre espèce, comme avec les lignées d'addition ou de substitution interspécifiques, il n'y a pas de recombinaison entre ce chromosome et les chromosomes homéologues, ou alors elles sont très limitées. De même, si un segment chromosomique d'une espèce est intégré (par translocation) dans le génome d'une autre espèce, il n'y a pas, ou très peu, de recombinaison au niveau du segment, la recombinaison se reporte sur les zones où l'homologie des chromosomes est bonne et qui globalement recombinent plus. Diverses solutions sont possibles pour permettre des recombinaisons entre chromosomes homéologues.

### Utilisation des gènes de contrôle de l'appariement pour provoquer des recombinaisons

Toutes les espèces apparentées au blé tendre (*Aegilops, Agropyron, Haynaldia*....) présentent des génomes homéologues qui, s'ils sont introduits dans le génome du blé, ne recombinent pas avec les chromosomes du blé. Ils peuvent pourtant apporter des gènes présentant un intérêt pour la sélection. L'absence d'appariement est due à un gène *Ph1* (*pairing homeologous*) situé sur le chromosome *5B*. Différents moyens sont à la disposition du généticien pour supprimer l'effet de ce gène. Il est d'abord possible d'éliminer le chromosome porteur. On trouve aussi chez *Aegilops speltoïdes* des lignées capables d'inhiber *Ph1*. Enfin, un mutant de ce gène (*ph1*), qui est en fait une délétion (se comportant comme un gène récessif), a été trouvé. On a ainsi pu incorporer dans le génome du blé, la résistance à la rouille jaune d'*Aegilops comosa* et la résistance à la rouille brune d'*Agropyron elongatum*.

### Utilisation de l'irradiation pour provoquer des recombinaisons

Les radiations ionisantes provoquent des cassures de chromosomes et favorisent les translocations de segments chromosomiques. Chez le blé, elles ont été utilisées sur des lignées d'addition ou de substitution interspécifiques, avec irradiation avant la méiose. C'est ainsi que, en combinaison avec l'utilisation du mutant du gène *Ph1*, on a transféré chez le blé tendre la résistance à la rouille brune d'*Agropyron elongatum*.

## Extraction d'un génome d'une espèce allopolyploïde

À l'inverse de ce qui est fait pour la resynthèse d'une espèce allopolyploïde, il est possible d' « extraire » un génome composant du génome d'une espèce allopolyploïde. Ainsi on a pu extraire le génome *AABB* du blé dur à partir du génome *AABBDD* du blé tendre (Figure 3.8). On a ainsi eu accès au véritable ancêtre allotétraploïde du blé dur. Cette démarche est surtout utilisée pour des recherches sur l'origine des génomes. Du point de vue appliqué, elle pourrait conduire à une nouvelle variabilité génétique éventuellement utilisable pour améliorer l'espèce donatrice du génome composant (si l'événement d'hybridation interspécifique qui a conduit à l'espèce cultivée n'a pas trop restreint la variabilité de l'espèce donatrice).

$$AABBDD \text{ (blé tendre)} \times A'A'B'B' \text{ (blé dur « actuel »)}$$
$$\downarrow$$
$$F_1 \; (AA'BB'D)$$
Recroisement (plusieurs fois)
$$AA'BB'D \; (F_1) \times AABBDD \text{ (blé tendre) et tri des plantes}$$
$$\downarrow$$
$$AABBD$$
Autofécondation (2 ou 3 générations) et tri des plantes
$$\downarrow$$
$$AABB \text{ (blé dur « ancestral »)}$$

**Figure 3.8.** Extraction du génome ancestral du blé dur à partir du génome du blé tendre.

# Utilisation de l'hybridation interspécifique en amélioration des plantes

Les croisements interspécifiques ont été largement utilisés en amélioration des plantes, le plus souvent pour apporter des gènes de résistance aux maladies, notamment chez la tomate et chez le blé.

## Importance des croisements interspécifiques en amélioration des plantes

### Intérêt des croisements interspécifiques chez la tomate

De l'ordre de 95 % des variétés de tomate (*Lycopersicon esculentum*) actuellement culti-vées ont des gènes de résistance provenant d'espèces sauvages. Les trois espèces sau-vages les plus utilisées sont *Lycopersicon pimpinellifolium*, à fruits rouges, *Lycopersicon peruvianum* et *Lycopersicon hirsutum* ou *chilense*, à fruits verts (Tableau 3.2).

Il n'y a pas de grandes barrières entre *Lycopersicon esculentum* et *Lycopersicon pim-pinellifolium* (les chiasmas permettant les recombinaisons entre chromosomes homéologues sont réduits chez l'hybride mais les échanges de gènes sont possibles). Le croisement *Lycopersicon esculentum* × *Lycopersicon hirsutum* est très fertile (bien qu'il y ait des déviations dans les ségrégations, ce qui montre que la méiose est peu affectée par une certaine différenciation des chromosomes homéologues). Ainsi, le transfert de gènes est facile d'une espèce à l'autre. Ce croisement a permis d'intro-duire les gènes de résistance à diverses maladies et un gène provoquant un fort changement dans la teneur en pigment caroténoïde.

Le croisement *Lycopersicon esculentum* × *Lycopersicon peruvianum*, dans ce sens (femelle en premier) et avec sauvetage des embryons puis rétrocroisement à *Lycopersicon esculentum*, a permis d'introduire la résistance à diverses maladies et aux nématodes.

C'est souvent la résistance aux parasites qui a été apportée par les croisements inter-spécifiques. Mais d'autres caractères ont également été introgressés, comme la résis-tance au sel, venant de *Lycopersicon cheesmanii*, la tolérance à la sécheresse de *Solanum pennelli* (qui absorbe directement l'eau atmosphérique), la croissance à basses tempé-ratures, venant d'espèces des genres *Lycopersicon* ou *Solanum* originaires des Andes.

**Tableau 3.2.** Origine interspécifique de différents gènes de résistance à des parasites chez la tomate (d'après Clergeau *et al.*, 1979).

| Espèce (de *Lycopersicon*) | Gène | Parasite (maladie causée) |
| --- | --- | --- |
| *L. pimpinellifolium* | *I* | *Fusarium oxysporum* pathotype 0 (fusariose) |
| | *I-2* | *Fusarium oxysporum* pathotypes 0 et 1 (fusariose) |
| | *Cf-2* | *Cladosporium fulvum* (cladosporiose) |
| | *Ve* | *Verticillium dalhiae* et *V albo-atrum* (verticilliose) |
| | *Ph-2* | *Phytophtora infestans* (mildiou) |
| | *Sw* | Virus du *spotted wilt* |
| | | Virus du *Tabacco Yellow Leaf Curl* –TYLCV |
| | | *Pseudomonas tomato* |
| | | *Corynobacterium michiganenese* (corynobactériose) |
| | | *Stemphylium solani* |
| *L. hirsutum* | *Cf-4* | *Cladosporium fulvum* (cladosporiose) |
| | *Tm-1* | Virus de la mosaïque du tabac |
| | | *Corynobacterium michiganenese* (corynobactériose) |
| | | *Septoria lycopersici* (septoriose) |
| *L. peruvianum* | *Mi* | Nématode *Meloïdogyne incognita* |
| | *Cf-4* | *Cladosporium fulvum* (cladosporiose) |
| | *Tm-22* | Virus de la mosaïque du tabac |
| | | *Septoria lycopersici* (septoriose) |
| *L. glandulosum* | *Pyl* | *Pyrenocheta lycopersici* |

## Intérêt des croisements interspécifiques chez le blé

Comme chez la tomate, ce sont essentiellement des gènes de résistance aux maladies qui ont été introgressés, à partir d'espèces sauvages de genres plus ou moins proches du genre *Triticum*. L'introgression s'est heurtée à la présence de gènes d'incompatibilité entre les génomes. Cependant, les gènes de compatibilité existaient dans la lignée de blé Chinese Spring qui, de ce fait, a souvent été la lignée de départ dans laquelle les gènes des autres espèces ont été introduits. Le tableau 3.3 résume quelques cas d'introgression de gènes de résistance, avec les modalités de recombinaison (recombinaison spontanée, irradiation, utilisation du gène *Ph1* du chromosome 5*B*). *Triticum dicoccoïdes* a également été utilisé, pour apporter la résistance à la rouille jaune, de même que *Triticum monococcum*, *Triticum tauschii* (*Aegilops squarrosa*) et des espèces du genre *Agropyron*, pour la résistance à la rouille noire et à la rouille brune. *Aegilops ventricosa* a été utilisé pour apporter la résistance au piétin verse (voir p. 91) mais la réussite dans l'utilisation de cette espèce vient surtout du transfert des gènes de résistance aux rouilles sur le chromosome *2A* (*Yr17, Lr37, Sr38*).

Plusieurs variétés européennes possèdent la substitution *1B/1R* (dans le génome *B* du blé, le chromosome 1 a été remplacé par le chromosome 1 du seigle). Il y a aussi des variétés avec la translocation *1BL/1RS* (où le bras long du chromosome 1 du génome *B* a été remplacé par le bras court du chromosome 1 du seigle). Enfin, signalons le cas de la variété Renan, très utilisée en agriculture biologique car plus résistante à diverses maladies (rouilles brune, jaune ou noire, piétin verse, oïdium), grâce à des gènes provenant d'espèces sauvages, en particulier d'*Aegilops ventricosa*.

**Tableau 3.3.** Gènes de résistance à diverses maladies introduits chez le blé tendre à partir d'espèces voisines (Jahier, 1982).

| Maladie | Gène | Localisation[1] | Origine | Méthode de recombinaison |
|---|---|---|---|---|
| Oïdium | *Pm 7* | *4A* | *Secale cereale*[2] | Irradiation |
| | *Pm 17* | *1A* | | |
| Piétin verse | | *7D* | *Aegilops ventricosa*[3] | Rec. spontanée / gène *ph1* |
| Rouille brune | *Lr 25* | *4A* | *Secale cereale*[2] | Irradiation |
| | *Lr 9* | *6B* | *Aegilops umbellulata*[4] | Irradiation |
| | *Lr 24* | *3D* | *Agropyron elongatum*[5] | Gène *ph1* sur *5B* |
| | *Lr 19* | *7D* | *Agropyron elongatum*[5] | Irradiation |
| Rouille jaune | *Yr 8* | *2D* | *Aegilops comosa*[6] | Gène *ph1* sur *5B*, irradiation |
| | *Yr 9* | *1A* | *Secale cereale*[2] | Irradiation |
| Rouille noire | *Sr 26* | *6A* | *Agropyron elongatum*[5] | Irradiation |
| | *Sr 24* | *3D* | *Agropyron elongatum*[5] | Gène *ph1* sur *5B* |
| | *Sr 25* | *7D* | *Agropyron elongatum*[5] | Irradiation |
| Rouilles noire, brune, jaune | | *7A* | *Agropyron intermedium*[7] | Irradiation |

[1] identification du chromosome du blé tendre dans lequel a été introduit le gène : *A, B, D*, pour le génome concerné, et numéro de 1 à 7 pour le chromosome dans le génome, [2] $2n = 14$, [3] $2n = 28$, [4] $2n = 14$, [5] $2n = 70$, [6] $2n = 14$, [7] $2n = 42$.

### *Intérêt des croisements interspécifiques chez d'autres espèces*

Les croisements interspécifiques sont aussi très utilisés dans l'amélioration du caféier (croisement *Coffea arabica* × *Coffea canephora*, avec recroisement par *Coffea arabica* et sélection pour améliorer les caractères d'adaptation au milieu de *Coffea arabica*), en particulier pour transférer la résistance à la rouille orangée, aux nématodes et à l'anthracnose des baies. Cette procédure, longue chez une espèce pérenne, a donné naissance à la variété Icatu, utilisée au Brésil, et à des variétés dérivées. En fait, les mêmes objectifs d'amélioration ont été atteints plus rapidement en croisant les variétés courantes d'Arabica d'Amérique latine par les rares hybrides naturels de *Coffea arabica* introgressés par *Coffea canephora* ; une autre variété résistante à la rouille orangée, résultant de l'introgression de *Coffea arabica* par *Coffea liberica,* a été exploitée en Inde (Prakash *et al.,* 2002).

Chez le pommier, le gène *Vf* de résistance à la tavelure vient de l'espèce sauvage *Malus floribunda* (Photo 12).

### Limites de l'hybridation interspécifique en amélioration des plantes

Les transferts de gènes d'une espèce à une autre sont souvent très difficiles, même lorsque les problèmes de stérilité des hybrides peuvent être résolus. Pour favoriser la recombinaison génétique entre les apports de deux espèces, il faut faire appel à des méthodes assez complexes. De plus, quand la recombinaison a eu lieu, avec introgression d'un segment chromosomique de taille limitée, il y a souvent des caractères défavorables qui sont introduits avec le caractère favorable recherché. Ces caractères défavorables seront difficiles à éliminer du fait d'un linkage avec le gène favorable introduit, mais aussi du fait de la restriction de la recombinaison au niveau du segment chromosomique introgressé. L'élimination ne pourra se faire qu'à long terme, par de nombreuses générations de sélection favorisant la recombinaison (sélection récurrente ou croisements récurrents), voire même en refaisant des introgressions afin de limiter encore la longueur du segment introduit. Aujourd'hui, les marqueurs moléculaires et surtout la transgénèse permettent sans doute de réaliser cela de façon plus précise que par le passé.

Une autre difficulté, avec les croisements interspécifiques, est de prévoir quel sera l'apport d'une espèce. Le cas le plus favorable est celui où les gènes de l'espèce sauvage s'expriment de la même façon au niveau intraspécifique et interspécifique, c'est-à-dire qu'ils ne sont pas affectés par le fond génétique. Mais il peut y avoir modification de l'effet des gènes de l'espèce sauvage dans un fond génétique cultivé. Ainsi, le gène *B* de *Lycopersicon hirsutum* provoque la synthèse de beta-carotène lorsqu'il est inséré dans le génome de *Lycopersicon esculentum* alors que *Lycopersicon hirsutum* lui-même ne produit pas de pigments caroténoïdes colorés. De même, un locus à effet quantitatif (QTL) augmentant la taille du fruit chez la tomate a été identifié chez *Lycopersicon pimpinellifolium,* qui est pourtant une espèce à petits fruits (Tanksley *et al.,* 1996). Chez les cotonniers, des fibres plus solides que celles des variétés classiques ont été obtenues en utilisant *Gossypium thurbeiri,* espèce qui pourtant n'a pas de fibres. Le croisement entre *Gossypium hirsutum* et *Gossypium arboreum* conduit à des plantes avec des macules sur les fleurs, alors que les parents n'en possèdent pas. Chez le blé tendre, l'histoire de la variété Roazon, obtenue par sélection après introgression dans le génome du blé de la résistance au piétin verse d'*Aegilops ventricosa* (voir p. 91), montre que des lignées issues de croisements interspécifiques peuvent être de faible valeur, mais se révéler comme d'excellents géniteurs après plusieurs recroisements suivis de sélection.

En conclusion, le transfert de gènes par hybridation interspécifique met souvent en œuvre des méthodes très sophistiquées, qui relèvent bien du génie génétique au sens large. Il est à voir comme une source de nouvelle variabilité génétique ; il permet de créer un matériel de base pour la sélection, utilisable à long terme, rarement à court terme. De plus, les processus de transfert sont souvent longs et complexes. Ainsi, la transmission au blé de la résistance au piétin verse a pris une vingtaine d'années, avant que soient obtenus des géniteurs de bonne valeur agronomique. La solution à tous ces problèmes est apportée par la transgénèse (voir p. 137).

# Haplodiploïdisation

Nous avons déjà présenté l'haplodiploïdisation comme un système de reproduction en consanguinité (voir p. 38) qui comporte deux étapes impliquant une modification du nombre de chromosomes, l'haploïdisation puis la diploïdisation. L'haploïdisation est le développement d'un embryon haploïde, soit directement, à partir des cellules des gamétophytes[68] mâles ou femelles, soit indirectement, par croisement avec un génotype inducteur ou avec une autre espèce après un croisement interspécifique, à partir des seuls apports chromosomiques de la femelle, après élimination des apports chromosomiques du mâle au niveau de l'embryon $F_1$. La diploïdisation correspond au doublement chromosomique des individus haploïdes obtenus ; elle conduit à des individus parfaitement homozygotes. L'haploïdisation peut être spontanée ou induite.

## Haploïdes spontanés produits par parthénogenèse haploïde

Des embryons haploïdes peuvent se former spontanément, quel que soit le système de reproduction, en autofécondation ou en croisement ; le problème est de les détecter. Pour la détection des haploïdes spontanés, deux méthodes ont été mises en œuvre : le tri des haploïdes parmi les graines polyembryoniques (avec plus d'un embryon par graine) et l'utilisation d'un gène de coloration présent chez l'un des parents du croisement de deux génotypes.

Dans le processus normal de double fécondation, caractéristique des plantes à fleurs, le grain de pollen contient deux noyaux haploïdes, dont l'un féconde l'oosphère, qui se développera ensuite en embryon, et l'autre fusionne avec le noyau polaire du sac embryonnaire, déjà diploïde (par fusion de deux noyaux), pour donner une cellule triploïde qui est à l'origine de l'albumen (tissu de réserve pour nourrir la plantule). Mais des anomalies peuvent exister. Ainsi, la polyembryonie peut résulter du développement simultané de l'oosphère et d'une synergide : l'oosphère fécondée donne un embryon diploïde et la synergide donne un embryon haploïde. Ce dernier est donc produit par parthénogenèse, puisqu'il n'y a pas eu de fécondation de la synergide, et c'est un haploïde gynogénétique (son matériel génétique vient uniquement de sa mère). Le lin présente un cas particulier de polyembryonie : avant fécondation, une mitose de l'oosphère conduit à deux cellules haploïdes, dont l'une après

---

68. Chez les plantes à fleurs, dont font partie la majorité des plantes cultivées, les gamétophytes mâles sont les grains de pollen et le gamétophyte femelle est le sac embryonnaire, qui est présent dans les ovules et contient en général huit noyaux haploïdes (trois antipodes, deux synergides, une oosphère et deux noyaux polaires).

fécondation conduit à un embryon diploïde, et l'autre donne un embryon haploïde, sans fécondation (Huyghe, 1987). La proportion de graines polyembryoniques est très variable selon les espèces ; elle est, par exemple, de 0,2 % chez l'asperge et de 0,1 à 1 % chez le piment. La proportion d'embryons haploïdes parmi les graines polyembryoniques est aussi très variable, selon les espèces et selon les génotypes à l'intérieur d'une espèce (seulement 1 à 20 % chez l'asperge, et 5 à 80 % chez le piment).

Chez le maïs, un système de repérage des grains haploïdes spontanés a été mis en œuvre par l'utilisation d'un gène de coloration qui affecte l'embryon et l'albumen par la présence d'anthocyanes (Encadré 3.3). Si l'allèle de coloration (*R*) est apporté par le mâle, s'il y a fécondation, avec formation d'un embryon diploïde, l'embryon et l'albumen sont colorés ; s'il y a formation d'un embryon haploïde gynogénétique, seul l'albumen sera coloré (la fécondation au niveau de l'albumen est nécessaire pour le développement de l'embryon). La fréquence de ce type d'haploïdes gynogénétiques, par rapport au nombre total d'embryons, est variable, de 0,1 à 0,5 %. Si l'allèle de coloration est porté par la femelle, les grains avec un embryon non coloré traduiront la présence d'haploïdes androgénétiques[69] qui sont nettement plus rares que les haploïdes gynogénétiques (1,2 % des haploïdes spontanés chez le maïs sont androgénétiques).

Encadré 3.3.
Détection des haploïdes spontanés gynogénétiques et androgénétiques chez le maïs

Soit un gène marqueur avec deux allèles *R* et *r*, *R* dominant sur *r* entraînant une coloration au niveau de l'albumen et du grain. Dans les grains du croisement entre des génotypes *rr* et *RR*, trois types de grains sont possibles :

1) Croisement femelle *rr* × mâle *RR*

| | | | |
|---|---|---|---|
| Grain normal | embryon | *rR* | coloré |
| | albumen | *rrR* | coloré |
| Haploïde gynogénétique | embryon | *r* | non coloré |
| | albumen | *rrR* | coloré |
| Haploïde androgénétique | embryon | *R* | coloré |
| | albumen | *rrR* | coloré |

2) Croisement femelle *RR* × mâle *rr*

| | | | |
|---|---|---|---|
| Grain normal | embryon | *Rr* | coloré |
| | albumen | *RRr* | coloré |
| Haploïde gynogénétique | embryon | *R* | coloré |
| | albumen | *RRr* | coloré |
| Haploïde androgénétique | embryon | *r* | non coloré |
| | albumen | *RRr* | coloré |

Dans le premier cas, la méthode utilisant le gène de coloration permet de détecter les haploïdes gynogénétiques alors que dans le second cas, elle permet de détecter les haploïdes androgénétiques.

---

69. Les haploïdes androgénétiques se forment selon un mécanisme complexe qui entraîne le transfert du noyau haploïde du pollinisateur dans une cellule haploïde du sac embryonnaire et la perte du noyau haploïde femelle. Leur matériel génétique vient donc uniquement du mâle (Kermicle, 1969).

## Méthodes d'induction de l'haploïdie

L'induction de la formation d'haploïdes peut être réalisée par différents moyens, *in situ* ou *in vitro*. Parmi les méthodes *in situ*, on peut citer :
— les traitements physiques, comme un choc thermique au moment de la pollinisation ;
— la pollinisation par du pollen irradié, par les rayons X ou gamma (réalisée chez le pétunia, le melon, la carotte, le chou, le tournesol, le pommier, le rosier, le tabac, ou le blé dur). L'irradiation détruit partiellement le pollen ; il perd sa capacité à féconder l'oosphère mais sa capacité d'induction de l'embryogenèse est conservée ; cela permet d'obtenir des embryons haploïdes gynogénétiques. L'irradiation de l'ovaire conduit, elle, à une androgenèse (formation d'embryons haploïdes androgénétiques) *in situ*. La reprise des embryons en culture *in vitro* augmente le taux de réussite (pétunia, melon, chou, pommier) ;
— la pollinisation avec un pollen d'une autre espèce (pollen de maïs pour féconder le blé, par exemple), ou avec un pollen de la même espèce, mais provenant de génotypes particuliers, dits inducteurs d'haploïdes (cas du maïs).

L'induction par culture *in vitro* se fait par culture d'anthères (partie de l'étamine des fleurs, dans laquelle se forme le pollen), de microspores[70] isolées ou d'ovules. Après culture *in vitro*, embryogenèse à partir des cellules haploïdes, et régénération de plantes haploïdes à partir des embryons, suivie du doublement chromosomique, on obtient une plante diploïde totalement homozygote.

## Induction de l'haploïdie in situ, par croisements interspécifiques

Trois exemples d'utilisation de cette technique peuvent être cités : chez la pomme de terre, l'orge et le blé.

### Induction de l'haploïdie chez la pomme de terre (Solanum tuberosum)

La pomme de terre cultivée (*Solanum tuberosum*) est un tétraploïde ; dans ce cas l'haplodiploïdisation, prise dans son sens large (division par deux du niveau de ploïdie suivie d'une multiplication par deux), consiste à former des embryons dihaploïdes[71] puis à régénérer des plantes tétraploïdes. Le croisement entre *Solanum tuberosum* ($4x = 48$), prise comme femelle, et *Solanum phureja* ($2x = 24$) donne des individus dihaploïdes ($2x = 24$) d'origine parthénogénétique, avec un taux variable selon le génotype du parent femelle, mais surtout selon le génotype du parent mâle. La totalité des graines ont un albumen hexaploïde, avec 72 chromosomes, alors qu'on en attend 60 (48 venant de la mère et 12 venant du père). En fait les graines avec un tel albumen « normal », à 60 chromosomes, avortent très tôt. Les graines avec un albumen hexaploïde peuvent contenir un embryon hybride tétraploïde ou un embryon parthénogénétique dihaploïde (gynogénétique, car contenant uniquement des chromosomes de *S. tuberosum*), ou pas d'embryons. L'albumen hexaploïde

---

70. Cellules haploïdes à l'origine des grains de pollen.
71. Un dihaploïde est une plante diploïde qui résulte de la division par deux du niveau de ploïdie d'une plante autotétraploïde par une première « haploïdisation ».

résulte de la fécondation du noyau tétraploïde du sac embryonnaire ($4x = 48$) par un gamète diploïde à $2x = 24$, issu d'un grain de pollen non réduit ou d'un noyau de restitution conséquence de l'absence de mitose du noyau reproducteur.

Les embryons dihaploïdes sont détectés par l'utilisation d'un marqueur dominant chez le pollinisateur (gène de coloration de l'hypocotyle et gènes entraînant une tache à la base du cotylédon) ; étant gynogénétiques, ils ne présentent pas ces colorations. Une certaine sélection peut être faite au niveau diploïde. Les dihaploïdes obtenus peuvent aussi être croisés aux diploïdes sauvages. Quant à leur doublement chromosomique, il peut se faire par greffage sur tomate et traitement à la colchicine. Les plantes dihaploïdes sélectionnées peuvent aussi être utilisées directement en croisement avec des plantes tétraploïdes : du fait de la formation de gamètes non réduits chez les dihaploïdes, il en résulte dans la $F_1$ un certain nombre d'embryons tétraploïdes, par fusion d'un gamète non réduit et d'un gamète diploïde du parent tétraploïde.

### Induction de l'haploïdie chez l'orge (Hordeum vulgare)

Le croisement de *Hordeum vulgare* ($2x = 14$), pris comme femelle, avec l'orge bulbeuse, *Hordeum bulbosum* ($2x = 14$), pris comme mâle, est assez facile, bien que certains génomes de l'orge cultivée soient incompatibles avec le génome de l'orge bulbeuse. La sélection de génotypes de *Hordeum bulbosum* plus performants ainsi que l'amélioration des conditions de culture des plantes et du protocole de culture *in vitro* permettent d'obtenir des taux de succès assez élevés. Il y a bien fécondation, formation d'un embryon hybride, mais dès les premières mitoses de l'embryon, le génome de *Hordeum bulbosum* est rapidement éliminé. Les embryons obtenus doivent être mis en culture *in vitro* 12 à 14 jours après la pollinisation pour obtenir des plantes haploïdes viables qui sont ensuite traitées à la colchicine. La conformité des ségrégations a été montrée par la comparaison entre les distributions des lignées obtenues par haplodiploïdisation et celles obtenues à partir d'un même croisement par filiation monograine (SSD ou *single-seed descent*) (Choo et Park, 1982). Le tableau 3.4 donne un exemple du taux de réussite des différentes étapes de la méthode établie par Devaux (communication personnelle).

**Tableau 3.4.** Taux de réussite des différentes étapes dans le cas de croisement entre *Hordeum vulgare* et *Hordeum bulbosum* (d'après P. Devaux, communication personnelle).

| Étape (paramètre mesuré) | Valeur du paramètre | Taux de réussite conditionnel[1] | Taux de réussite global[2] |
|---|---|---|---|
| Pollinisation (nombre de graines obtenues) | 19 000 | 61,0 % | 61,0 % |
| Embryogenèse (nombre d'embryons développés) | 4 300 | 22,6 %[3] | 13,9 % |
| Haploïdisation (nombre de plantes haploïdes) | 1 530 | 35,6 %[4] | 4,9 % |
| Diploïdisation (nombre d'haploïdes doublés) | 1 064 | 69,5 %[5] | 3,4 % |

[1] Calculé en supposant que l'étape précédente a été effectuée ; [2] calculé, à l'issue de chaque étape, par rapport au nombre de fleurs pollinisées au départ (soit 30 900) ; [3] rapport entre les nombres d'embryons développés et de graines obtenues ; [4] rapport entre les nombres de plantes haploïdes et d'embryons ; [5] rapport entre les nombres d'haploïdes doublés et de plantes haploïdes.

L'orge bulbeuse *Hordeum bulbosum* a aussi été utilisée comme pollinisateur du blé tendre pour obtenir des haploïdes de blé. Cependant, le croisement entre le blé tendre et l'orge bulbeuse est assez difficile du fait de la présence, chez la plupart des cultivars de blé, de gènes d'incompatibilité avec l'orge bulbeuse[72]. Ce mode d'obtention d'haploïdes chez le blé tendre a donc été abandonné au profit du croisement entre le blé et le maïs.

### Induction de l'haploïdie chez le blé tendre par croisement avec le maïs

Le blé tendre et le maïs sont deux espèces assez différentes, avec un nombre chromosomique différent (6 × 7 chromosomes chez le blé, 2 × 10 chez le maïs) ; cependant, leurs génomes ont une origine commune. En pollinisant des fleurs de blé, préalablement castrées, par du pollen de maïs, il y a bien fécondation, mais très tôt, comme dans le cas de *Hordeum vulgare* fécondée par *Hordeum bulbosum*, il y a élimination du génome du pollinisateur, ce qui conduit en fait à une gynogenèse. Il faut toutefois mettre en culture *in vitro* les embryons 12 à 15 jours après la fécondation, pour augmenter les chances de succès. Il y a un effet du génotype de blé sur l'induction de l'haploïdie, mais il y a moins de génotypes récalcitrants qu'avec l'androgénèse *in vitro* (par culture *in vitro* d'anthères, voir ci-dessous), et ce ne sont pas nécessairement les mêmes. On peut obtenir de l'ordre de six haploïdes doublés pour cent fleurs pollinisées.

### Autres exemples d'induction de l'haploïdie par des croisements interspécifiques

Les croisements blé tendre × sorgho ou blé tendre × millet conduisent aussi à des taux significatifs d'haploïdes chez le blé. De même, des haploïdes d'orge peuvent être obtenus grâce à la pollinisation de l'orge par le maïs. Dans tous ces exemples, il y a bien fécondation, mais il y a élimination précoce du génome du pollinisateur. En revanche, lorsque le melon (*Cucumis melo*) est pollinisé par l'espèce sauvage *Cucumis ficifolius* il y a aussi formation d'haploïdes de melon mais, dans ce cas, il n'y a pas de fécondation ; le pollen induit une embryogenèse haploïde (parthénogenèse).

### L'utilisation de génotypes inducteurs d'haploïdie

Ce système a été développé à grande échelle chez le maïs. Dès 1956, était identifiée une lignée (stock 6) qui, utilisée comme pollinisateur, induisait le développement d'embryons haploïdes gynogénétiques à partir des sacs embryonnaires, à des taux assez élevés, de 1 à 3 %. Cette aptitude est un caractère polygénique, mais à assez forte héritabilité. Il a ainsi été possible, par croisement entre inducteurs, suivi de sélection généalogique, de l'améliorer pour amener le taux d'induction aux alentours de 10 % (permettant d'obtenir plus de trente grains haploïdes par épi). Ces haploïdes peuvent facilement être détectés avec un marqueur dominant présent chez l'inducteur. Le marqueur de coloration *R-nj* de l'embryon et de l'albumen est souvent utilisé ; cependant, comme il présente des inconvénients de lecture, d'autres marqueurs ont été recherchés (Bordes, 2006).

---

72. La germination du pollen peut être bloquée à différentes étapes.

### *Induction de l'haploïdie par culture in vitro d'anthères, de microspores isolées et d'ovules*

Pour la culture à partir d'anthères ou de microspores isolées, le principe est de prolonger l'état de non-différenciation de la microspore. La microspore poursuit alors une série de mitoses qui aboutissent à une structure embryonnaire (Photo 13). De nombreux facteurs affectent le taux de réussite : le stade (le stade le plus favorable est souvent celui de la première mitose pollinique, ou juste avant celle-ci), le milieu de culture (éléments minéraux, vitamines, sucres, substances de croissance telles que l'auxine), les conditions de culture (température, éclairage…). L'auxine et les sucres sont des facteurs déterminants pour l'embryogenèse. Le rôle de l'anthère semble important, sauf dans certains cas (comme chez le colza) où la culture de microspores isolées ne pose pas de problèmes. La culture de microspores en milieu liquide chez le colza a même un rendement supérieur à la culture d'anthères (de l'ordre du millier d'embryons obtenus par anthère contre, au mieux, une dizaine). Selon les espèces et les conditions expérimentales, il peut y avoir un effet plus ou moins fort du génotype.

Pour la culture à partir d'ovules, le principe est le même. C'est une méthode moins utilisée que la culture d'anthères, mais des résultats très positifs ont été obtenus chez la betterave et l'oignon.

Après le développement des embryons haploïdes et leur repiquage sur milieux adaptés, une étape importante est le repiquage en serre ou au champ, avec traitement ou non à la colchicine pour le doublement chromosomique (voir ci-dessous).

## Étape du doublement chromosomique dans l'haplodiploïdisation

Il peut d'abord y avoir doublement spontané, à des fréquences variables selon les espèces, voire selon le matériel dans l'espèce. Les chiffres qui suivent ne sont que des ordres de grandeur de la fréquence de doublement spontané : 70 % chez le seigle, 60 % chez l'orge, 50 % chez le riz, 27 % chez le blé, 17 % chez le triticale et 15 % chez le maïs.

Pour induire le doublement (voir p. 79), on utilise souvent la colchicine. Le traitement se fait sur les plantules lorsque l'haploïdisation est réalisée *in situ* et conduit à des grains ; pour les méthodes *in vitro*, il est possible d'apporter de la colchicine au milieu de culture des embryons. Pour les plantes multipliées végétativement, la colchicine peut être déposée au niveau des méristèmes caulinaires (tissus de cellules indifférenciées, qui seront à l'origine des organes aériens). Selon les espèces, des progrès plus ou moins importants ont été réalisés dans la maîtrise du doublement chromosomique : les conditions de traitement à la colchicine ont été optimisées, ainsi que les conditions de culture des plantes traitées. Par exemple, chez le blé, on atteint maintenant plus de 80 % de doublement.

Pour les espèces où la manipulation de protoplastes est facile, la fusion de protoplastes haploïdes est une autre façon de revenir à l'état diploïde. Une telle méthode a également été proposée chez un polyploïde comme la pomme de terre, pour repasser, dans ce cas, du niveau dihaploïde au niveau tétraploïde.

## Bilan et intérêt de l'haplodiploïdisation

### Conformité des ségrégations

Dans les premiers travaux d'haplodiploïdisation *in vitro*, il apparaissait une grande dépendance vis-à-vis du génotype (existence de génotypes récalcitrants), des biais importants dans les ségrégations et une variation pour les caractères quantitatifs sensiblement différente de celle observée en filiation monograine (SSD). Aujourd'hui, avec la maîtrise des techniques (taux de réussite nettement améliorés et moins dépendants du génotype), la variation apparaît de même nature que celle obtenue par la voie sexuée conventionnelle.

### Durée totale et maîtrise du processus d'haplodiploïdisation

La durée du processus dépend de l'espèce. Ainsi, pour le colza, par cultures de microspores, il faut environ :
- un mois pour l'embryogenèse ;
- 3,5 mois pour la régénération d'une plante ;
- 3,5 mois de la plantule à la floraison ;
- 3,5 mois du traitement à la colchicine à la récolte de semences diploïdes ;
- 6 mois pour multiplier.

Le processus dure donc 14 à 15 mois (8 à 9 mois pour l'obtention des haploïdes doublés).

Dans le cas du maïs, avec une gynogenèse induite *in situ*, il faut cinq mois pour obtenir quelques grains haploïdes et encore cinq mois pour le doublement chromosomique et l'autofécondation, soit un total de dix mois.

D'une façon plus générale, chez la plupart des espèces cultivées annuelles ou bisannuelles, en un an, ou au maximum en deux ans, on obtient des lignées homozygotes, là où il faudrait six à sept ans en pratiquant l'autofécondation. La filiation monograine (SSD) en générations accélérées, avec deux à trois générations par an, peut toutefois être compétitive dans certains cas, mais avec plus de travail.

Malgré des taux de réussite assez élevés, grâce aux progrès réalisés chez de nombreuses espèces, la maîtrise de l'haplodiploïdisation est loin d'être totale. C'est pourtant l'exemple typique d'une technique dont la maîtrise bouleverserait la création de variétés, par un gain de temps et une meilleure exploitation de la variabilité génétique. Il est étonnant qu'une technique aussi importante pour l'amélioration des plantes n'ait pas fait l'objet de recherches plus poussées pour mieux la maîtriser, afin d'arriver à des taux de réussite élevés, quels que soient l'espèce et le génotype de l'espèce. C'est d'autant plus étonnant que l'haplodiploïdisation touche à des processus biologiques fondamentaux, comme la différenciation ou la dédifférenciation cellulaire.

### Utilisation de l'haplodiploïdisation en amélioration des plantes

L'haplodiploïdisation est de plus en plus utilisée en amélioration des plantes (colza, blé, orge, maïs, betterave, tabac, poivron, aubergine, pomme de terre…). Le nombre d'espèces pour lesquelles on peut obtenir des lignées par haplodiploïdisation est maintenant très grand. Il y a cependant des familles botaniques plus favorables que d'autres, comme les Solanacées.

Appliquée dès la $F_1$, en amélioration des plantes diploïdes ou allopolyploïdes, l'haplo-diploïdisation permet d'abord un gain de temps dans l'obtention de variétés lignées, et donc aussi dans l'obtention de variétés hybrides entre lignées. Elle supprime l'étape de fixation de la sélection généalogique. Pour une espèce comme le blé, le gain de temps est de l'ordre de trois ans. Le deuxième avantage de l'haplodiploïdi-sation est la fixation totale (disparition de l'hétérozygotie résiduelle), avantage qui reste même s'il apparaît des mutations susceptibles de recréer de l'hétérozygotie.

Dans le cas de l'asperge, l'haplodiploïdisation a permis de développer de nouveaux types de variétés qui sont mâles à 100 %, donc plus productifs (Encadré 3.4) (Corriols et Doré, 1988).

Enfin, du point de vue des méthodes de sélection et de création variétale, l'haplodiploïdisation permet :
— une sélection généalogique différée après la fixation (voir p. 51), qui permet à la fois de mieux utiliser la variabilité génétique potentielle d'un croisement dans un milieu de sélection donné et d'évaluer les performances dans différents milieux, d'où une meilleure utilisation des interactions génotype × milieu, avec un choix sur un ensemble de plantes génétiquement identiques ;
— la mise en place d'une véritable récurrence dans la création variétale (voir p. 52), ce qui permet de combiner l'efficacité à court terme et l'efficacité à long terme ;
— la mise en œuvre d'une sélection assistée par marqueurs très efficace (voir p. 125).

Encadré 3.4.
Intérêt de l'haplodiploïdisation dans l'amélioration de l'asperge

L'asperge est une plante gynodioïque, avec des pieds mâles et des pieds femelles distincts (parfois existent des pieds hermaphrodites). Or il est connu que les plantes mâles ont une production plus importante que les plantes femelles ; elles sont aussi plus précoces et plus pérennes (Pitrat et Foury, 2003). Cela a été interprété comme la conséquence du non-investissement dans la fonction femelle. L'idéal est donc de produire uniquement des plantes mâles. Le déterminisme du sexe chez l'asperge est monogénique ; les plantes mâles sont hétérozygotes *MF* et les plantes femelles sont *FF*. Par haplodiploïdisation des plantes mâles (cultures d'anthères) on a pu obtenir des plantes *MM*, dites super-mâles. Le croisement de ces super-mâles avec des lignées femelles *FF* permet de produire uni-quement des plantes *FM*, donc mâles. Pour produire l'hybride à grande échelle, il suffit de multiplier végétativement le parent super-mâle, ce qui est assez facile chez l'asperge.

En amélioration des plantes autotétraploïdes la division par deux du niveau de ploïdie peut permettre une sélection au niveau diploïde, plus efficace qu'au niveau autotétraploïde. De plus, chez la pomme de terre, les dihaploïdes obtenus peuvent être croisés aux espèces diploïdes sauvages ayant des génomes homologues ou homéologues, ce qui facilite l'échange de gènes.

# 4

# Manipulation des cytoplasmes

*Les génomes mitochondriaux et chloroplastiques contiennent des gènes. Certains gènes mitochondriaux jouent un rôle important dans le déterminisme de la stérilité mâle cytoplasmique utilisée pour contrôler l'hybridation à grande échelle. Le changement de contexte cytoplasmique d'un noyau, réalisé par les croisements interspécifiques, est un moyen d'obtenir une telle stérilité. Le transfert des cytoplasmes dans leur globalité peut se faire par croisements (la plante utilisée comme femelle transmettant intégralement son cytoplasme) ou par fusion de protoplastes. Avec cette dernière méthode il est aussi possible d'échanger uniquement des organites (chloroplastes ou mitochondries) entre cytoplasmes. Enfin, il est possible de transférer des gènes dans le génome chloroplastique pour faire produire à la plante des molécules d'intérêt.*

## Obtention de stérilités mâles cytoplasmiques par croisements interspécifiques

L'hybridation interspécifique conduit souvent à des stérilités mâles cytoplasmiques qui peuvent ensuite être utilisées pour la production d'hybrides intraspécifiques (voir p. 60). Cela résulte sans doute de la modification des interactions entre le noyau et le cytoplasme, dans lesquelles les mitochondries sont impliquées. Le tableau 4.1 donne plusieurs exemples de stérilités mâles cytoplasmiques obtenues chez des espèces cultivées, par croisements interspécifiques.

Chez le blé tendre, le transfert, par rétrocroisement, du noyau de *Triticum aestivum* dans un cytoplasme de *Triticum timopheevi* se traduit par une stérilité mâle nucléo-cytoplasmique. Des gènes de restauration viennent de *Triticum timopheevi*, ou du blé tendre. Ce système a cependant été abandonné en France, car il y avait des problèmes de restauration de la fertilité. Chez le tournesol, une stérilité mâle cytoplasmique a été obtenue par le croisement entre *Helianthus petiolaris* (2n = 34) et *Helianthus annuus* (2n = 34). Les gènes de restauration de fertilité ont été trouvés dans des descendances mâle-fertiles de croisements interspécifiques et viennent sans doute de *Helianthus petiolaris*. Cette stérilité mâle nucléo-cytoplasmique est largement utilisée dans le monde. Chez la chicorée, une stérilité mâle cytoplasmique a été obtenue par fusion de protoplastes d'un tournesol mâle-stérile et de chicorée.

**Tableau 4.1.** Exemples de stérilités mâles, cytoplasmiques ou nucléocytoplasmiques, obtenues par croisements interspécifiques (d'après Belliard *et al.*, 1981).

| Espèce prise comme femelle, donnant le cytoplasme | Espèce cultivée, prise comme mâle, recevant le cytoplasme |
|---|---|
| *Raphanus sativus* | Chou : *Brassica oleracea*[1] |
| *Gossypium anomalum* | Cotonnier : *Gossypium hirsutum* |
| *Helianthus petiolaris* | Tournesol : *Helianthus annuus*[1] |
| *Hordeum spontaneum* | Orge : *Hordeum vulgare*[1] |
| *Linum floccosum* | Lin : *Linum usitatissimum* |
| *Oryza spontanea, O. indica* | Riz : *Oryza sativa*[1] |
| *Triticum aestivum* | Seigle : *Secale cereale* |
| *Sorghum virgatum* | Sorgho : *Sorghum vulgare* |
| *Triticum timopheevi* | Blé tendre : *Triticum aestivum*[1] |

[1] les gènes de restauration de la fertilité ont été trouvés.

Une fois transférée chez l'espèce cultivée, la stérilité mâle est maintenue par croisement avec des plantes mâles-fertiles de l'espèce, mainteneuses de stérilité ; les plantes issues du croisement sont toujours mâles-stériles (voir p. 60). S'il n'est pas nécessaire de restaurer la fertilité, la stérilité mâle cytoplasmique est directement utilisable. Mais, si l'espèce améliorée est sélectionnée pour produire des grains, il faut rechercher des gènes de restauration de la fertilité. Ils se trouvent en général chez l'espèce qui a fourni le cytoplasme, et il faudra les introduire dans le génome de l'espèce cultivée. Aujourd'hui, la transgénèse peut faciliter ce transfert.

## Transfert de cytoplasmes ou de noyaux

Lorsque le sélectionneur dispose d'une stérilité mâle nucléo-cytoplasmique, il est confronté au problème de la conversion d'une lignée mâle-fertile intéressante, qu'il veut prendre comme femelle pour produire un hybride, en une lignée mâle-stérile (afin d'empêcher l'autofécondation). C'est un problème assez facile à résoudre par rétrocroisement. La lignée B, à convertir en mâle-stérile, est sur cytoplasme normal [*N*], puisqu'elle est mâle-fertile, mais doit être mainteneuse de stérilité (donc de génotype *ms ms* pour les gènes de stérilité) ; elle doit être croisée avec une lignée A, mâle-stérile, donneur de cytoplasme [*S*] et possédant les gènes de stérilité *ms ms*. En quatre à six générations de rétrocroisement avec la lignée B, selon le degré d'isogénicité recherché, le problème peut être résolu. Avec des générations accélérées, cela peut donc être assez rapide. Cependant, cela pourrait théoriquement être encore plus rapide par la fusion de protoplastes, par le transfert du noyau de la lignée B dans le cytoplasme de la lignée A (Photo 15).

## Échanges d'organites cytoplasmiques par fusion de protoplastes

La fusion de protoplastes a ouvert la porte à la recombinaison des organites cytoplasmiques (mitochondries ou chloroplastes). C'est ainsi que Pelletier *et al.* (1983) ont pu corriger les défauts de la stérilité mâle nucléo-cytoplasmique du colza obtenue par croisement interspécifique avec le radis. Cette stérilité, contrôlée par les mitochondries, était associée à une déficience chlorophyllienne, due à un mauvais fonctionnement des chloroplastes de radis en présence de gènes nucléaires du colza. Par fusion de protoplastes de colza normal et de colza mâle-stérile, c'est-à-dire porteur du cytoplasme radis, il a été possible d'obtenir, après régénération, des plants de colza présentant une stérilité mâle mais exempts de déficience chlorophyllienne (Figure 4.1). Mais l'intérêt du colza est de produire des grains, et il faut donc restaurer la fertilité. Le gène de restauration de fertilité se trouvait logiquement dans certaines populations de radis (le donneur de cytoplasme mâle-stérile). Il a pu être transmis au colza, par rétrocroisement, entraînant avec lui tout un fragment de chromosome du radis qui, malheureusement, contenait des gènes codant pour la synthèse de glucosinolates[73], qu'il a fallu ensuite chercher à supprimer. Cela a donc ralenti l'utilisation de ce système de stérilité mâle. Le gène de restauration de fertilité du radis a été identifié et transmis au colza par transgénèse mais, en France et en Europe, le blocage des OGM (organismes génétiquement modifiés) a empêché le développement des variétés hybrides de colza issues de ces plantes transgéniques, qui n'auraient pas porté les gènes codant pour la synthèse de glucosinolates.

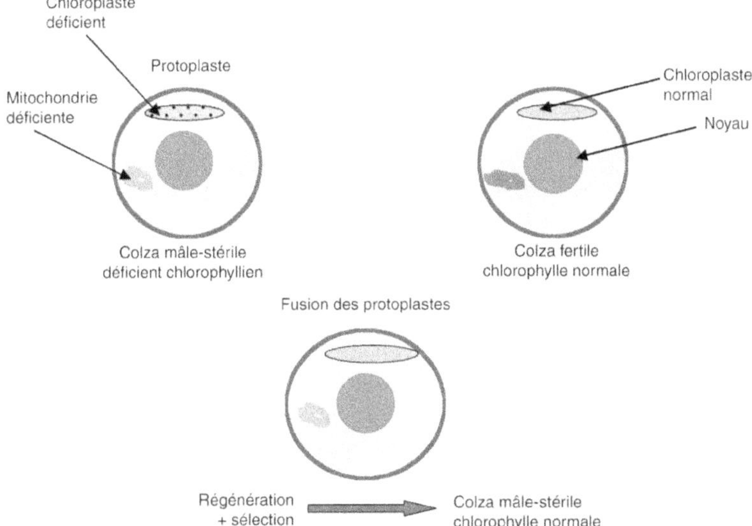


**Figure 4.1.** Fusion de protoplastes chez le colza pour corriger un défaut de la stérilité mâle (défaut de fonctionnement des chloroplastes).

---

73. Substances provoquant des goîtres, que l'on cherche donc à éliminer des tourteaux de colza destinés à l'alimentation animale.

## Autres utilisations de la fusion de protoplastes en amélioration des plantes

La fusion de protoplastes est un moyen de doublement chromosomique. Dans le schéma d'amélioration de la pomme de terre (Figure 4.2), présenté par Wenzel *et al.* (1979), elle est proposée pour reconstituer des tétragéniques $A_iA_kA_mA_n$, à partir de protoplastes de plantes diploïdes (dihaploïdes) hétérozygotes $A_iA_k$ et $A_mA_n$, de façon à avoir l'hétérozygotie maximale, qui ne peut pas être obtenue à 100 % par voie sexuée.

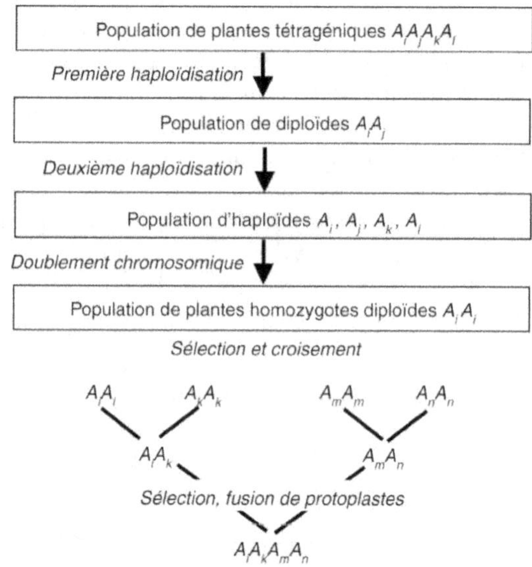


**Figure 4.2.** Processus d'obtention et de sélection de plantes tétragéniques, par haploïdisation, doublement chromosomique et fusion de protoplastes (Wenzel *et al.*, 1979).

La 1re étape est assimilée à une haploïdisation, en ce sens qu'elle divise par deux le niveau de ploïdie. La 2e et la 3e constituent une haplodiploïdisation.

La fusion de protoplastes peut aussi être utilisée pour l'obtention d'allopolyploïdes : elle peut en effet permettre de surmonter certaines barrières qui apparaissent au cours de l'obtention par la voie sexuée ; elle permet alors, comme par la voie sexuée, le transfert de gènes entre espèces éloignées. Ainsi, chez la pomme de terre, des résistances à des virus (PLRV, PVY, PVX)[74] et à des maladies (causées par *Erwinia, Phytophthora infestens, Globodera pallida*) présentes chez des espèces sauvages de *Solanum* ont été introduites par fusion de protoplastes (Greplova *et al.*, 2008). Un autre exemple de succès de la fusion de protoplastes est le programme méditerranéen d'amélioration des *Citrus,* où cinq pays (Espagne, France, Maroc, Tunisie et

---

74. Respectivement, virus de l'enroulement des feuilles, virus Y et virus X, de la pomme de terre.

Turquie) ont développé, par cette méthode, des hybrides intergénériques, entre espèces du genre *Poncirus* et espèces du genre *Citrus*, pour l'amélioration des porte-greffes et leur adaptation aux conditions particulières de sol de ces pays (Dambier *et al.*, 2011). Dans ce cas, c'est l'hybride somatique lui-même (issu de la fusion des protoplastes) qui est utilisé comme porte-greffe.

Cependant, les hybrides somatiques entre espèces éloignées sont souvent peu fertiles et instables. Ils sont une source de nouvelle variabilité qui doit faire l'objet d'un travail de sélection important. L'autre limite à la technique peut être, selon les espèces, la difficulté de régénération des plantes à partir des protoplastes.

## Transfert de gènes dans le génome des organites cytoplasmiques

Les génomes chloroplastique et mitochondrial ont très probablement une origine bactérienne : des archéobactéries seraient à l'origine des mitochondries et des cyanobactéries seraient à l'origine des plastes. Cette double endosymbiose[75] daterait de plus d'un milliard d'années, et au cours de l'évolution de nombreux gènes d'origine bactérienne ont été « incorporés » dans le génome nucléaire des plantes (transfert qui s'opère encore de nos jours). Ce transfert est donc un exemple d'évolution par transgénèse naturelle. Les génomes chloroplastique et mitochondrial ont conservé toute la machinerie de type bactérien nécessaire pour aller du gène aux protéines, avec le même code génétique que celui du noyau, compte tenu de l'universalité du code génétique, mais avec des promoteurs[76] bactériens. On peut donc faire s'exprimer n'importe quel gène dans les mitochondries ou les chloroplastes, à condition d'y adjoindre les signaux d'expression propres à ces gènes.

Des transgènes[77] peuvent être introduits dans le génome de ces deux types d'organites par la technique de la biolistique (projection de microbilles d'or ou de tungstène enrobées des transgènes) (Johnston *et al.*, 1988, Boynton *et al.*, 1988) (voir le chapitre 6 pour la présentation de cette technique). Pour le moment, seule la transgénèse du chloroplaste a commencé à être exploitée ; la transgénèse mitochondriale est plus difficile. Pour sélectionner une cellule modifiée, on peut utiliser un marqueur de sélection codant pour la résistance à un antibiotique. L'élimination de ce marqueur peut se faire ensuite, en utilisant les propriétés de recombinaison du plastome (génome chloroplastique)[78]. On peut aussi envisager

---

75. Les cellules bactériennes auraient été ingérées par d'autres cellules et les trois types de cellules, vivant en symbiose, seraient à l'origine des cellules végétales actuelles.

76. Séquence d'ADN, située en amont du gène, qui contrôle la transcription d'un gène (lecture de la séquence d'ADN qui conduit à l'ARN, voir Annexe). Les promoteurs bactériens ne sont pas les mêmes que les promoteurs des gènes nucléaires des plantes et des autres procaryotes.

77. Construction génétique qui contient au minimum le gène (séquence codante) à transférer avec son promoteur et une séquence de fin de lecture (voir p. 138).

78. En encadrant le gène marqueur par des séquences identiques de nucléotides (constituées par 140 bases), orientées dans le même sens, il se produit entre ces deux zones des événements de recombinaison qui permettent l'excision spontanée du gène.

la recombinaison homologue (entre régions identiques de l'ADN du plastome et du transgène, voir p. 141) et faire ainsi un transfert ciblé en positionnant le transgène où l'on veut, en l'encadrant de courtes séquences homologues à la région visée du plastome (Maliga, 1993).

Un des avantages de la transformation du chloroplaste serait d'empêcher, dans le cas de nombreuses plantes cultivées, la dispersion du transgène par le pollen, lorsqu'il y a un risque associé au flux pollinique. En effet, chez de nombreuses Angiospermes le chloroplaste n'est transmis que par voie maternelle. En revanche, chez les Gymnospermes (tels que les conifères), il n'est transmis que par voie paternelle et il existe des exceptions chez les Angiospermes. Ainsi, chez le pélargonium, la luzerne et le seigle, il est transmis par les deux voies et chez le kiwi, par voie paternelle. Chez le tabac, la transmission maternelle est bien connue mais des travaux montrent une possibilité de transmission du transgène par le pollen, à des taux faibles, de l'ordre de 1 %. En fait, les mécanismes de l'hérédité, uniparentale ou biparentale, du chloroplaste sont encore mal connus. Pour l'application de la transgénèse au niveau du chloroplaste, il faudra donc encore s'assurer de la non-transmission du transgène par le pollen.

Du point de vue de l'expression des gènes, l'avantage de la transformation du chloroplaste, pour la production de protéines particulières, est de permettre l'insertion d'un grand nombre de copies du transgène. Dans une cellule végétale, il peut y avoir en effet plusieurs dizaines de chloroplastes (leur nombre variant, selon les espèces, de un à plus d'une centaine), ce qui permet d'avoir des taux d'expression très forts, la protéine codée par le transgène pouvant représenter jusqu'à 25 % des protéines totales solubles. De plus, avec le chloroplaste, qui se comporte comme une bactérie et n'a pas le système de régulation par les petits ARN[79], il n'y a pas de risque de *silencing* (non-expression du transgène). Enfin, l'accumulation de la protéine dans le chloroplaste réduit les risques de toxicité pour la plante et peut faciliter sa purification ultérieure.

L'hormone de croissance humaine, la sérum-albumine et le vaccin contre l'hépatite B peuvent ainsi être produites dans des chloroplastes de feuilles de tabac. Ces trois protéines produites dans ces conditions sont conformes à ce qui était attendu et sont actives. Par contre, un désavantage de la transgénèse du chloroplaste est que la glycosylation (modification post-traductionnelle des protéines, par addition de molécules dérivées du glucose, qui a des conséquences sur les propriétés fonctionnelles) n'est pas possible dans les plastes.

---

79. Petits ARN de 21 ou 24 nucléotides qui ne sont pas traduits et qui peuvent se combiner aux protéines synthétisées par un gène pour éteindre rapidement l'effet de ce gène, plus rapidement que par l'arrêt de la synthèse de la protéine.

**Photo 1.** Comparaison entre l'ancêtre du maïs (téosinte) et le maïs actuel. Une plante de téosinte (à gauche) est formée par un nombre variable de talles terminées par une panicule mâle et qui portent des ramifications secondaires, voire tertiaires, à la base desquelles se trouvent des petits épis. Le maïs (à droite) est formé d'une seule tige avec un seul épi ayant de nombreux grains nus bien liés au rachis. © Inra Moulon.

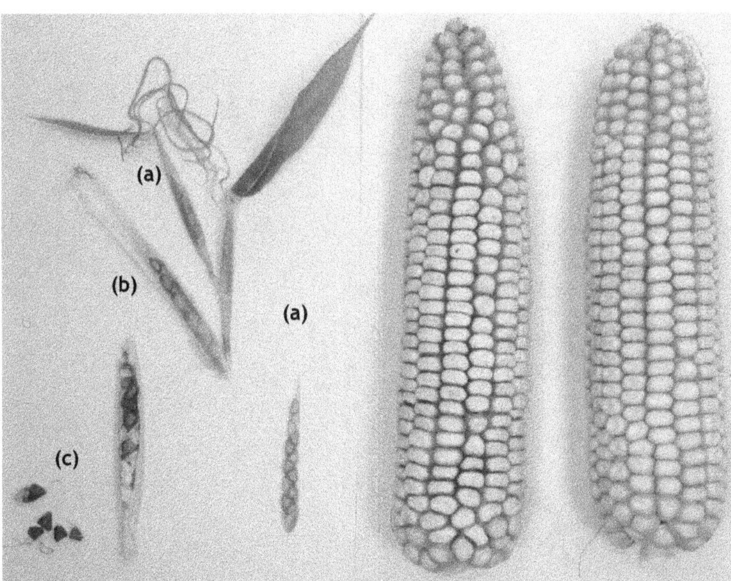

**Photo 2.** Comparaison entre l'épi de téosinte à gauche **(a et b)** et celui du maïs à droite. L'épi de téosinte est formé de 6 à 12 grains, disposés sur deux rangs ; à maturité, sa désarticulation qui apparaît en **(b)** conduit à la chute des grains **(c)**. Les grains du maïs sont nus, ceux de téosinte sont protégés par une cupule. © Inra Moulon.

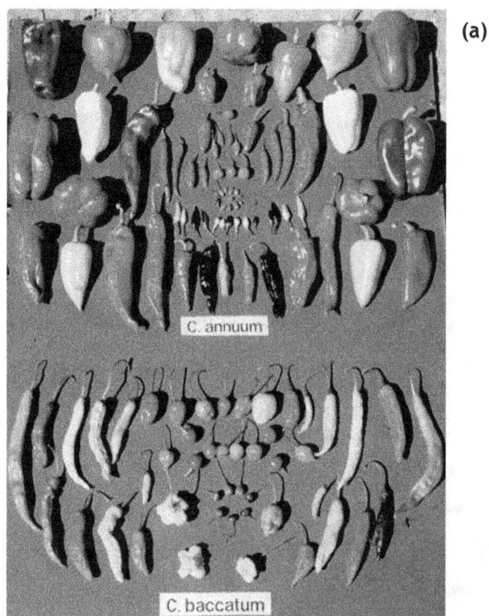

**Photo 3.** Illustration de la diversité génétique chez les piments (a), la tomate (b) et le maïs (c). © Inra Avignon ; Inra Moulon.

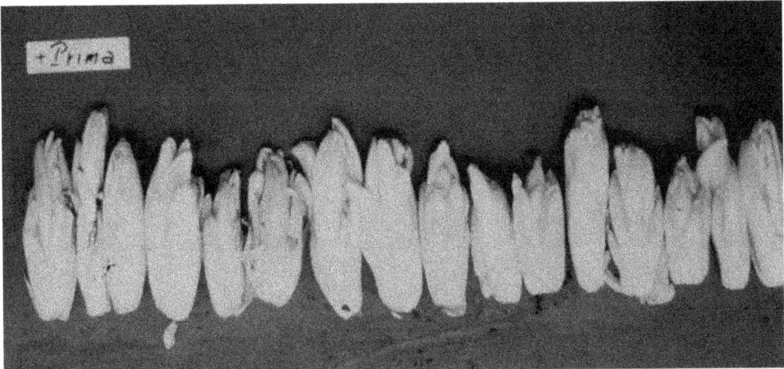

**Photo 4.** Variété population d'endive qui était commercialisée dans les années 1960. On remarque une forte hétérogénéité. © Inra Versailles.

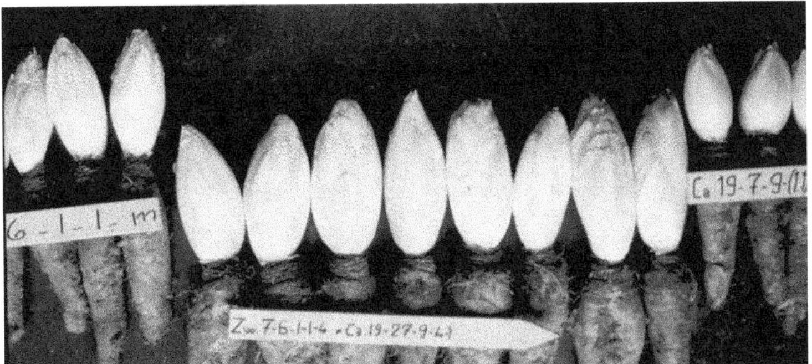

**Photo 5.** La première variété hybride d'endive développée en 1968. Elle montre une grande homogénéité. © H. Bannerot, Inra Versailles.

**Photo 6.** Quelques variétés populations de maïs qui étaient cultivées en France avant 1950. On remarque des différences assez nettes entre populations, mais aussi une hétérogénéité à l'intérieur des populations. © B. Gouesnard, Inra Montpellier.

Photo 7. Manifestation de l'hétérosis ou vigueur hybride chez le maïs, au niveau de l'épi. L'hybride $F_1$ présente entre deux à trois fois plus de grains que ses parents lignées (P1 et P2) et les grains sont aussi plus gros. © A. Gallais, AgroParis-Tech.

Photo 8. Manifestation de la vigueur hybride chez l'oignon, au niveau des bulbes. © Inra Versailles.

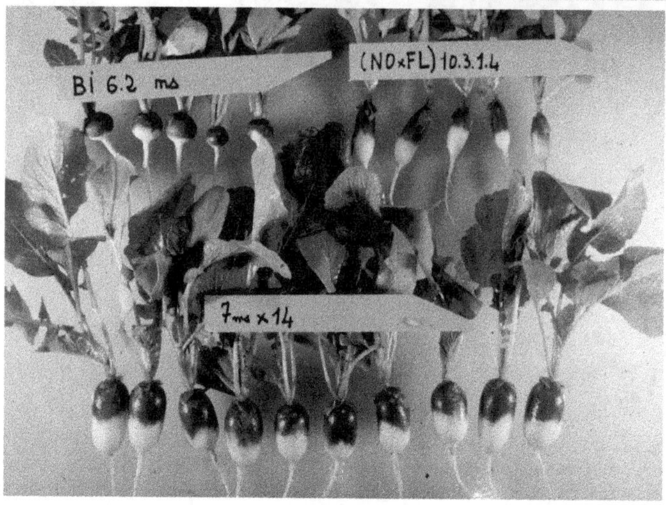


Photo 9. La vigueur hybride chez le radis (hybride en bas, parents en haut). © A. Bonnet, Inra Avignon.

**Photo 10.** Quelques gènes majeurs utilisés dans la sélection de la tomate. **A.** Gène de croissance indéterminée pour la culture en serre. **B.** Gène contrôlant la présence d'une assise d'abscission sur le pédoncule, indiquée par la flèche rouge (le fruit se détache avec son calice). **C.** Gène de croissance déterminée pour la culture en plein champ et gène contrôlant l'absence d'assise d'abscission sur le pédoncule pour une récolte mécanique (à maturité le fruit se détache sans son calice). © Inra Avignon.

**Photo 11.** Gène de nanisme chez l'orge. © Inra Clermont-Ferrand.

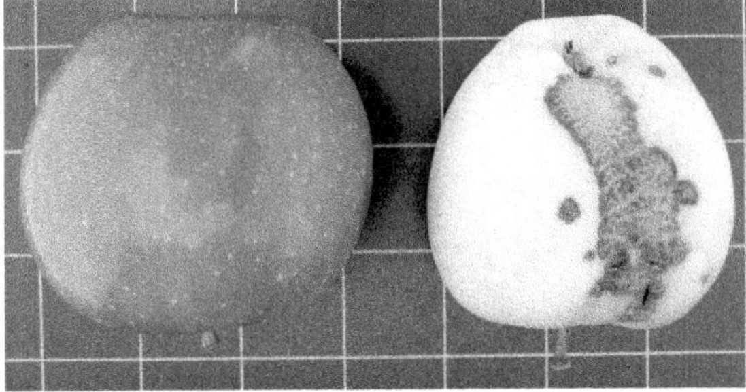

**Photo 12.** Gène (*Vf*) de résistance à la tavelure. À droite, fruit de Golden Delicious, sensible, et à gauche, fruit de Ariane (COV), obtention INRA, résistante aux races communes de tavelure. © F. Lebreton, Inra Angers.

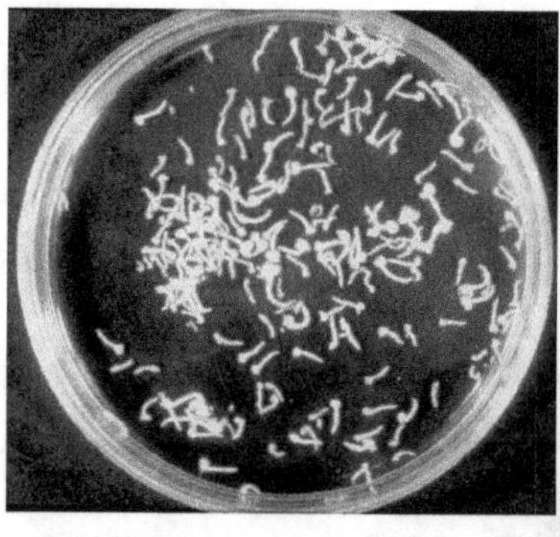

**Photo 13.** À gauche, obtention d'haploïdes chez le colza, par culture de microspores en boîte de Pétri. À droite, hampes florales de colza diploïde et de colza haploïde (plus réduite). © Inra Rennes.

**Photo 14.** Détermination du niveau de ploïdie avec un cytofluorimètre. L'analyse pour une plante porte sur une population de cellules. En **(a)** résultat pour une plante diploïde, en **(b)** résultat pour une plante autotétraploïde. À noter que du fait des cellules en mitose on observe des cellules 4x chez une plante 2x et des cellules 8x chez une plante 4x. © P. Devaux, Flori-mond-Desprez.

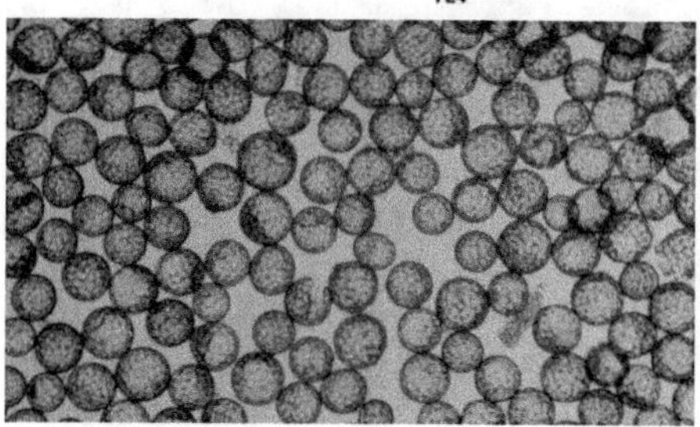

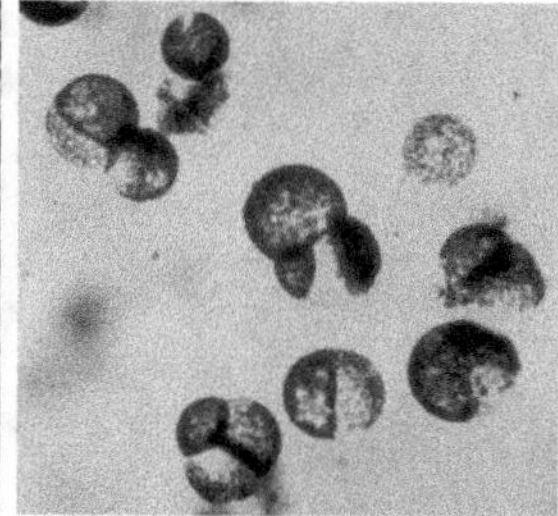

**Photo 15.** Culture *in vitro* de protoplastes de colza (à gauche) et fusion de protoplastes (à droite). © G. Pelletier, Inra Versailles.

**Photo 16.** Une mutation (spontanée) chez le pommier, affectant la couleur du fruit.
À gauche, fruit de la variété Elstar, à droite mutant de cette variété qui devient la variété Valstar.
© Inra Angers.

**Photo 17.** Trois mutants naturels chez le chou-fleur.
© G. Pelletier, Inra Versailles.

**Photo 18.** Chez le Forsythia, à droite, mutation induite dite « ovata » affectant la forme de la fleur (aspect décoratif) obtenue par traitement (irradiation) au Cobalt 60.
© A. Cadic, Inra Angers.

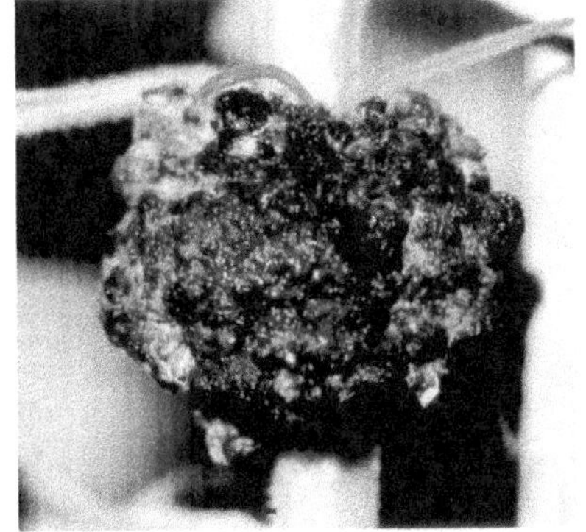

**Photo 19.** Galle du collet (ici chez le tabac) provoquée par la bactérie *Agrobacterium tumefaciens*. Cette bactérie a la propriété de transformer génétiquement la plante pour lui faire produire les substances amino-carbonées dont elle a besoin.
© Inra Versailles.

**Photo 20.** Melon transgénique expérimental pour une meilleure conservation (à droite). Les fruits détachés ont été conservés à 25 °C pendant une dizaine de jours. On voit bien le net ralentissement de la sénescence des fruits transgéniques. © Inra.

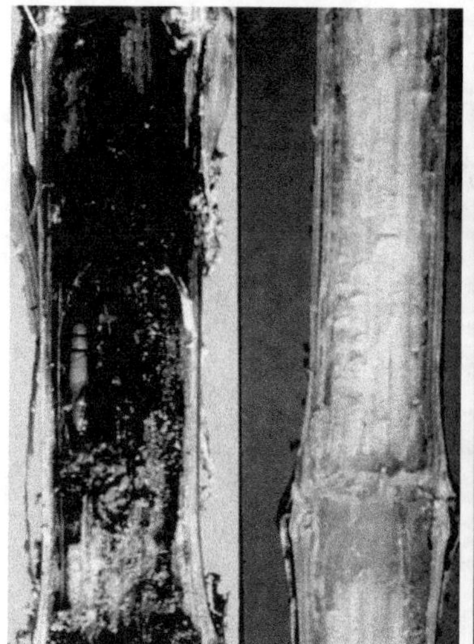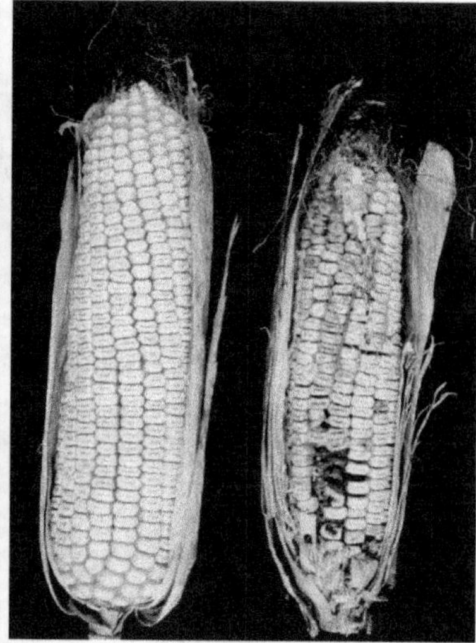

**Photo 21.** Maïs transgénique (Bt) résistant à la pyrale. Les épis et les tiges des maïs transgéniques (au centre) sont parfaitement sains, alors que les épis et les tiges des maïs non transgéniques présentent des galeries creusées par les larves de pyrale, galeries qui sont propices au développement de champignons (type *Fusarium*) produisant des toxines dangereuses pour la santé des hommes et des animaux. © G. Blache.

**Photo 22.** Intérêt d'un maïs transgénique tolérant à un herbicide total. L'herbicide total détruit toutes les adventices, mais le maïs portant un gène de tolérance à cet herbicide, n'est pas affecté. © G. Blache.

# 5

# Cartographie génétique et sélection assistée par marqueurs

*Après la manipulation des chromosomes, vue dans le chapitre 3, dans ce chapitre nous allons évoquer les interventions sur les associations de gènes. Ce niveau d'intervention a pu se développer grâce à la mise au point des techniques de marquage dense du génome nucléaire, à partir des années 1980. Depuis cette date, ces techniques ont fortement évolué. Par leur mise en œuvre, la sélection devient de plus en plus dirigée, de plus en plus génotypique, ou génomique.*

## Marqueurs moléculaires et cartographie génétique

### Marqueurs moléculaires

La découverte des marqueurs moléculaires du génome remonte aux années 1985 à 1990. De façon simplifiée, un marqueur moléculaire peut être défini comme une étiquette polymorphe bien repérable, située sur la molécule d'ADN et déterminée par la séquence de ses bases[80] ; cette étiquette présente différents allèles et ségrège comme un gène. Par ses liaisons avec des locus voisins elle peut renseigner sur le génotype de l'individu qui la porte.

Tous les gènes déterminant des caractères monogéniques pourraient évidemment être des marqueurs du génome mais, d'une part, il n'est pas possible d'en avoir un grand nombre en disjonction dans un même croisement et, d'autre part, ils peuvent affecter le phénotype étudié, ce qui est un inconvénient pour la recherche de gènes d'intérêt. Ainsi, dans une population $F_2$, un locus en segrégation pour un gène de nanisme pourrait être considéré comme un locus marqueur, mais il sera un très mauvais marqueur pour rechercher des gènes impliqués dans la variation génétique de la hauteur. En général, les marqueurs moléculaires n'ont pas d'effet direct au niveau du

---

80. Le mot « base » désigne chacune des quatre bases organiques azotées (A pour Adénine, T pour Thymine, C pour Cytosine, G pour Guanine) mais, souvent aussi, de façon un peu abusive, chacun des quatre nucléotides qui sont constitués à partir de chaque base et qui sont les monomères de l'ADN.

phénotype : ils sont dits neutres. Ils permettent d'avoir une couverture dense (voire très dense, pour certains d'entre eux) du génome, dès que les parents utilisés pour le processus de sélection sont assez distants génétiquement. De plus, il est possible d'avoir des marqueurs codominants, ce qui facilite leur utilisation en génétique, puisque dans la descendance d'un croisement entre deux lignées, ils permettent, à un locus marqueur, de distinguer l'hétérozygote des deux homozygotes.

Différents types de marqueurs ont été développés. Nous n'en donnerons ici que trois exemples : les marqueurs de type RFLP, les microsatellites et les SNP, tous les trois codominants. Pour les marqueurs de type RFLP (*Restriction Fragment Length Polymorphism*, c'est-à dire polymorphisme de longueur des fragments de restriction), qui sont parmi les premiers marqueurs moléculaires développés, chaque étiquette est définie par un couple « enzyme, sonde ». Chaque enzyme de restriction utilisée dans cette technique coupe en effet l'ADN à des endroits bien spécifiques, en fonction des séquences des bases A,T,G,C qu'elle reconnaît (séquence qui peut varier d'un génotype à l'autre), et chaque sonde permet ensuite d'identifier les fragments qui lui sont homologues. Les différents allèles d'un marqueur RFLP sont les fragments produits par une même enzyme et reconnus par une même sonde mais qui ont différentes longueurs. Ce type de marqueurs n'est pratiquement plus utilisé.

Un autre type de marqueurs est aujourd'hui souvent utilisé : ce sont les microsatellites. Ils sont constitués de *n* répétitions de motifs mono-, di-, tri- ou tétra-nucléotidiques (du type (A)n, (TC)n, (TAT)n, ou (GATA)n, par exemple), la valeur de *n* pouvant aller de quelques unités à quelques dizaines. Ces séquences sont présentes avec une forte densité dans le génome, avec un microsatellite toutes les 30 à 100 kilobases[81]. Mais ce qui fait leur intérêt pour le marquage c'est le polymorphisme du nombre de répétitions du motif. Les allèles d'un microsatellite sont formés par les séquences comprenant un nombre variable de répétitions d'un même motif. Un microsatellite n'est pas spécifique d'une position mais, par contre, les régions situées de part et d'autre du microsatellite le sont : elles définissent le locus marqueur. Les amorces spécifiques[82] de ces régions permettront donc de n'amplifier qu'un seul allèle du microsatellite. Toute la difficulté est dans la préparation de ces amorces : elles sont disponibles auprès de laboratoires spécialisés.

Les progrès dans les techniques de séquençage permettent aujourd'hui de détecter un polymorphisme au niveau de l'emplacement d'un seul nucléotide de l'ADN. Cela conduit aux marqueurs SNP (*Single Nucleotid Polymorphism*) qui peuvent être situés dans le gène lui-même. Le nombre de marqueurs SNP est variable selon les espèces et atteint plus de 50 millions chez le maïs. Ainsi, deux lignées de maïs diffèrent en moyenne pour une base sur trente, soit une divergence plus importante que celle entre l'Homme et le chimpanzé. Les marqueurs SNP permettent de marquer directement des allèles.

---

81. Un kilobase = mille bases.

82. Séquence de bases A,T,G,C utilisées en PCR (*polymerase chain reaction*), technique de réaction en chaîne par polymérisation, permettant de copier en un grand nombre d'exemplaires (c'est-à-dire amplifier) une séquence d'ADN.

## Cartographie génétique

C'est par l'étude des liaisons entre gènes que la théorie chromosomique de l'hérédité a pu être formulée par Morgan (premiers travaux dès 1911, et formulation précise en 1934). La démarche est assez simple, quand elle s'applique à des caractères qualitatifs. Au niveau d'une $F_2$ du croisement de deux lignées qui diffèrent pour les allèles présents à deux locus, l'étude de la ségrégation des allèles va permettre de dire si les locus correspondants sont proches l'un de l'autre. En effet, s'ils sont proches l'un de l'autre, les allèles qu'ils portent tendent à être distribués conjointement (phénomène de coségrégation) dans les gamètes donnés par la $F_1$, il y aura donc un excès de gamètes parentaux par rapport aux gamètes recombinés. Si les deux types de gamètes sont présents à des fréquences comparables, il ne sera pas possible de déterminer si les locus sont éloignés sur un même chromosome ou s'ils sont situés sur deux chromosomes différents.

Si l'on dispose d'un grand nombre de marqueurs, grâce aux marqueurs moléculaires il devient possible de résoudre le problème. Il suffit d'étudier les liaisons deux à deux entre tous les locus marqueurs. Comme la liaison entre deux locus marqueurs donne une information sur leur proximité, si un locus 1 est lié fortement à un locus 2, lui-même lié fortement à un locus 3, mais si ce dernier est moins lié au locus 1, on en conclut que l'ordre des locus marqueurs sur le chromosome est 1-2-3, et ainsi de suite avec plusieurs centaines de marqueurs. On arrive ainsi à ordonner tous les locus qui sont liés entre eux : ils forment un groupe de liaison. Si le marquage est insuffisamment dense ou s'il y a un manque de polymorphisme des marqueurs dans certaines régions, on trouvera plus de groupes de liaisons que de chromosomes. Mais, si le marquage est suffisamment dense, avec suffisamment de polymorphisme, alors le nombre de groupes de liaisons se réduit au nombre de chromosomes. Cette cartographie des liaisons entre marqueurs constitue ce que l'on appelle la carte génétique, qu'il faut bien distinguer de la distance physique entre deux locus, basée sur le nombre de bases qui les sépare.

Les populations utilisées pour réaliser la cartographie ne sont pas nécessairement des $F_2$ ; il peut s'agir aussi de populations dérivées de cette $F_2$ sans sélection ($F_3$, $F_4$…) ou de populations obtenues par haplodiploïdisation dès la $F_1$, ce qui donne accès directement à la structure des gamètes de la $F_1$. Enfin, il peut s'agir de populations issues de recroisement avec les parents. Toutes ces populations ont en commun le fait que toute tendance à une coségrégation entre deux allèles ne pourra être due qu'à une liaison physique.

## Détection de QTL et génétique d'association

### Détection de QTL

La cartographie génétique des marqueurs moléculaires permet de rechercher des gènes difficiles à détecter dans les ségrégations et, en particulier, les gènes impliqués dans la variation d'un caractère quantitatif (QTL, pour *Quantitative Trait Loci*).

Le principe est d'étudier la liaison entre un marqueur et un caractère qualitatif ou quantitatif. Pour un caractère qualitatif, il suffit d'étudier dans une population adaptée à la cartographie[83], la coségrégation entre un marqueur et le caractère étudié (résistance aux maladies, par exemple). Pour un caractère quantitatif, si dans une population d'haploïdes doublés issue d'une $F_1$ les moyennes des deux catégories de plantes pour un marqueur donné (soit les plantes de génotypes $M_1M_1$ et $M_2M_2$, $M_1$ et $M_2$ étant deux allèles du marqueur M) sont différentes, alors on peut conclure qu'il y a dans la zone du marqueur un gène impliqué dans la variation du caractère (voir Annexe). La précision étant insuffisante pour identifier le gène en cause, on identifie en fait une zone. On peut donc faire, pour un croisement donné, une cartographie des zones du génome impliquées dans la variation (Figure 5.1). Pour chaque zone, il y a un fragment venant d'un parent et un autre fragment allèle venant de l'autre parent : l'un est favorable, l'autre est défavorable. Ces allèles sont identifiés par les marqueurs ; il peut y avoir un ou plusieurs marqueurs pour un segment.

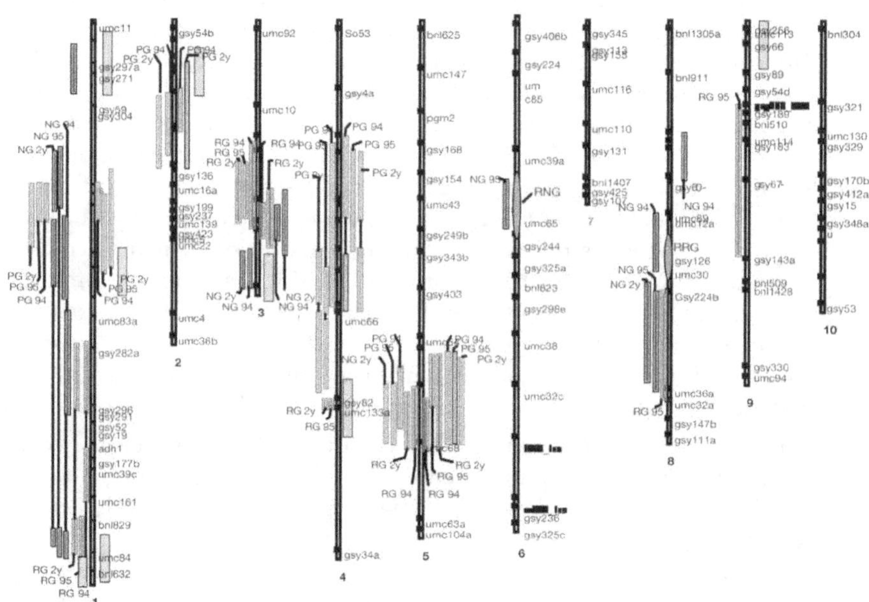

**Figure 5.1.** Exemple de cartographie de QTL chez le maïs.

Les zones impliquées dans la variation de différents caractères quantitatifs (rendement en grain = RG, nombre de grains par épi = NG, poids d'un grain = PG, rendement en protéines = RNG) sont représentées sur les différents chromosomes (numérotés de 1 à 10) : à droite de chaque chromosome, ce sont les zones détectées pour des plantes cultivées en condition de forte fumure azotée, à gauche, les zones détectées dans le cas d'une faible fumure azotée. Les marqueurs moléculaires utilisés pour cette cartographie sont indiqués en petits caractères, à droite de chaque chromosome. Pour les caractères, l'année d'étude est indiquée (94 pour 1994, 95 pour 1995 et 2y pour la moyenne des deux années).

---

83. C'est-à-dire une population dans laquelle le déséquilibre de liaison (non-association au hasard des locus) correspond à une liaison physique : c'est le cas de toute population dérivée d'une $F_1$ ($F_2$, $F_3$,..., lignées recombinantes, population d'haploïdes doublés, rétrocroisement).

## Génétique d'association

La génétique d'association repose sur la même démarche que la détection de QTL. Il s'agit toujours d'étudier la liaison (l'association) entre un marqueur moléculaire et un gène inconnu affectant un caractère (en fait, on étudie la liaison entre un marqueur et un caractère). Mais on utilise une population de lignées où le déséquilibre de liaison est faible (portant sur une courte distance), ce qui permet une localisation plus précise des QTL mais impose d'avoir un grand nombre de marqueurs du génome, d'où en particulier l'intérêt des marqueurs SNP. Beaucoup de soin doit être apporté au choix de la population de lignées, de telle sorte que la liaison entre un marqueur SNP et un caractère quantitatif (étudiée par les moyennes des génotypes des marqueurs SNP) ne puisse être interprétée que comme l'implication du gène marqué dans le caractère. De plus, il faut une population d'assez grande taille (au moins 300 lignées). Cette démarche n'a pu se développer qu'avec la mise au point de méthodes de marquage dense, à haut débit.

## Apports des marqueurs pour la sélection

Les marqueurs moléculaires permettent de marquer des gènes ou des fragments chromosomiques. Ils peuvent alors être utilisés pour réunir dans un même génotype le maximum d'allèles ou de segments favorables : on parle alors de sélection assistée par marqueurs. Cette méthode présente plusieurs avantages par rapport à la sélection purement phénotypique :
– la « lecture » des marqueurs portés par les plantes permet de déterminer les allèles ou QTL favorables qu'elles portent et conduit à une prédiction de la valeur des plantes sans qu'il y ait évaluation phénotypique de la valeur du matériel ;
– les recombinaisons favorables après croisement peuvent être directement identifiées.

Deux grands types de sélection assistée par marqueurs peuvent être distingués :
– le rétrocroisement assisté par marqueurs, où il s'agit d'introduire dans un fond génétique donné un ou plusieurs allèles ou fragments chromosomiques favorables ; le nombre maximum de gènes ou fragments chromosomiques manipulables en un cycle de rétrocroisement est limité (trois à cinq) ;
– la sélection récurrente assistée par marqueurs, où il s'agit d'augmenter la fréquence des génotypes favorables, c'est-à-dire ceux accumulant le maximum d'allèles ou fragments chromosomiques favorables, sans tenir compte du fond génétique.

# Rétrocroisement assisté par marqueurs

Le marquage moléculaire permet d'abord de conduire avec plus d'efficacité le rétrocroisement pour un caractère qualitatif, mono- ou oligogénique, présenté p. 65. Il permet aussi le transfert de segments chromosomiques identifiés comme favorables par la détection de QTL. La situation idéale est de disposer d'un marqueur codominant, permettant d'identifier facilement les homozygotes et les hétérozygotes.

## Rétrocroisement assisté par marqueurs pour le transfert de gènes

Le fait d'avoir un gène marqué avec un marqueur codominant rend inutile la distinction entre rétrocroisement pour un allèle favorable dominant et rétrocroisement

pour un allèle favorable récessif et supprime en même temps l'évaluation phénotypique puisque, par le génotypage[84], on identifie directement les génotypes porteurs de l'allèle favorable. Les marqueurs situés en dehors du gène introgressé peuvent alors être utilisés pour accélérer le retour vers le parent récurrent et pour limiter la longueur du segment chromosomique qui sera introduit avec le gène introgressé. Pour cela, en plus du marquage du gène, il faut deux types de marqueurs (Figure 5.2) :
— Les uns permettent de contrôler la longueur du fragment chromosomique introgressé. Pour cela, il faut des marqueurs de chaque côté du gène, afin d'identifier les recombinaisons qui se produiront à proximité du gène. On aurait donc intérêt en théorie à prendre des marqueurs très proches du gène ; cependant, plus les marqueurs seront proches du gène plus il faudra étudier de plantes pour repérer les recombinaisons favorables[85], ce qui augmentera le coût du marquage. Avec 150 à 200 plantes par rétrocroisement, il est possible d'avoir des marqueurs à 10 cM du gène, ce qui se traduira par une longueur moyenne du segment introgressé de 10 cM. L'augmentation ciblée du taux de recombinaison est un moyen pour diminuer la longueur du segment introgressé, tout en travaillant encore sur des effectifs réalistes.
— Les autres marqueurs permettent d'accélérer le retour vers le parent récurrent. Pour cela, il faut des marqueurs régulièrement répartis sur le reste du génome, de l'ordre de deux par bras chromosomique.

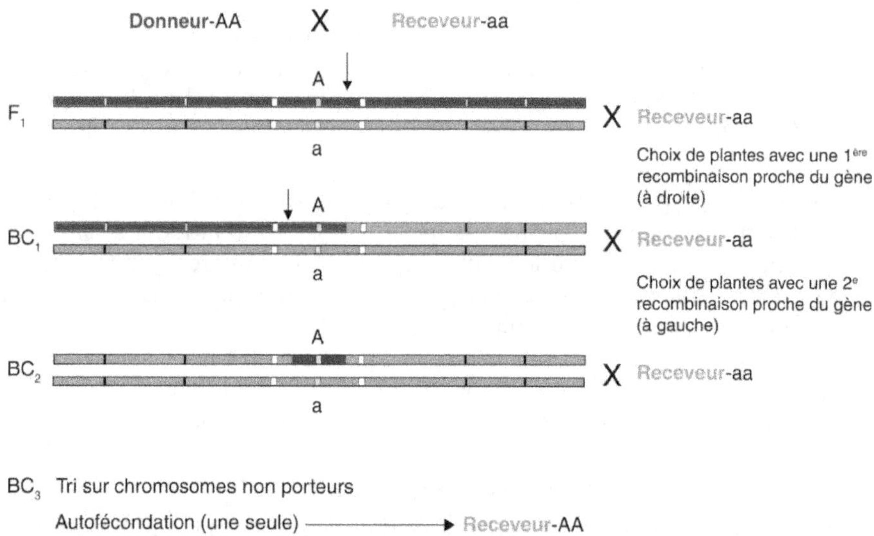


**Figure 5.2.** Principe du rétrocroisement assisté par marqueurs moléculaires.

Le but est de transférer dans le génotype receveur l'allèle favorable *A* présent chez le donneur. Les flèches indiquent où doivent avoir lieu les recombinaisons intéressantes.

---

84. Identification du génotype pour les « locus » des marqueurs moléculaires.
85. En effet, plus le marqueur est proche du gène, moins les recombinaisons entre les deux locus ont de chance de se produire.

Plusieurs stratégies sont possibles ; une stratégie proche de la stratégie optimale est la suivante :

— À la génération $BC_1$ on identifie les plantes hétérozygotes pour le gène qui présentent une recombinaison d'un côté du gène (la probabilité d'une double recombinaison existe, mais elle est faible). Ceci a pour effet de fixer pratiquement tout un bras chromosomique. Si plusieurs plantes présentent ces caractéristiques favorables, alors on choisit celle ressemblant le plus au parent récurrent sur le reste du génome ; cette plante est recroisée au parent récurrent pour former le $BC_2$.

— À la génération $BC_2$, on identifie les plantes hétérozygotes pour le gène présentant une recombinaison de l'autre côté du gène. Ainsi, avec seulement deux rétrocroisements, la longueur du fragment chromosomique introduit est définie et le chromosome porteur est pratiquement revenu au parent récurrent, sauf pour ce segment. S'il y a plusieurs plantes avec cet événement favorable, alors on choisit celle ressemblant le plus au parent récurrent sur le reste du génome ; cette plante est recroisée au parent récurrent pour former le $BC_3$.

— À la génération $BC_3$, parmi les plantes hétérozygotes pour le gène, on retient celle(s) qui ressemble(nt) le plus au parent récurrent (avec le plus possible de marqueurs de ce parent). Ces plantes sont alors autofécondées.

— Parmi la descendance en autofécondation des plantes $BC_3$ sélectionnées, on identifie alors les plantes homozygotes pour le gène introgressé.

Ainsi, en trois rétrocroisements et une autofécondation (soit deux ans pour une plante annuelle pouvant avoir deux générations par an) le transfert est réalisé, plus efficacement que par la méthode du rétrocroisement phénotypique, et probablement de façon moins coûteuse.

Selon les mêmes principes, deux, trois ou même quatre gènes peuvent être transférés simultanément, avec des effectifs plus importants mais encore réalistes. Les effectifs deviennent cependant irréalistes au-delà de quatre gènes, surtout si l'on attache de l'importance à l'isogénicité. Si le fond génétique est important, c'est à dire si l'on veut réunir les allèles favorables dans un génotype donné, alors l'accumulation se fera de façon progressive, en cascades de deux à quatre gènes, les nouvelles lignées issues d'un cycle d'introgression étant prises comme lignées récurrentes pour l'introgression de nouveaux allèles.

Le bilan du rétrocroisement assisté par marqueurs, par rapport au rétrocroisement phénotypique, pour le transfert d'un gène est favorable sous différents aspects :

— il y a gain de temps ;

— le rétrocroisement pour un allèle récessif devient identique à celui pour un allèle dominant ;

— l'évaluation agronomique pour identifier les individus porteurs du gène à introgresser n'est plus nécessaire, ce qui peut contribuer à diminuer les coûts ;

— il en résulte un gain de précision, lié au contrôle de la longueur du segment chromosomique donneur introgressé avec le gène, bien que l'on introduise encore beaucoup d'autres gènes avec le gène introgressé (la seule solution à ce problème est la mutagenèse dirigée).

Cet exemple de transfert a été assez détaillé pour montrer qu'il relève d'opérations de génie génétique assez sophistiquées : le marquage moléculaire est utilisé non seulement pour permettre l'identification des gènes, mais aussi pour contrôler leur intégration dans un génotype donné et pour limiter la longueur du fragment chromosomique introduit avec le gène. On pourrait dire que les marqueurs sont utilisés comme des ciseaux. La même démarche est utilisée pour le transfert de segments chromosomiques.

## Rétrocroisement assisté par marqueurs pour le transfert de segments chromosomiques

La détection de marqueurs liés à un QTL ne conduit pas à localiser ce QTL de façon précise ; elle conduit à identifier une zone chromosomique, ou QTA (*Quantitative Trait Allele*), dans laquelle se trouve un ou plusieurs QTL affectant le caractère considéré. Avec un marquage moléculaire suffisamment dense du génome, chaque segment chromosomique (de l'ordre de 10 à 25 cM) peut être manipulé comme un gène, et donc un segment favorable d'un génotype donneur peut être transféré dans un génotype receveur selon les principes du rétrocroisement assisté par marqueurs pour un gène. Cependant, une difficulté vient du fait qu'à chaque génération de rétrocroisement un segment chromosomique se transmet à l'identique avec une probabilité inférieure à celle de la transmission d'un gène. En effet, l'intervalle de confiance de la position d'un QTL étant en général assez grand (10 à 20 cM, voire plus), le segment à transférer est assez long. Il peut donc y avoir des recombinaisons au sein même du segment. Par rapport à l'introduction d'un gène majeur, il faudra donc avoir plusieurs marqueurs par segment (trois, par exemple, un au centre et un à chaque extrémité) et travailler sur des effectifs plus grands (et d'autant plus grands que le fragment à introduire sera plus long) du fait des risques de recombinaisons à l'intérieur du segment transmis. Le rétrocroisement se conduit alors comme pour le transfert d'un gène majeur.

Plusieurs QTA peuvent être transmis dans un même programme de rétrocroisement. Les effectifs à retenir dépendent du nombre de QTA à introduire et de la dimension des fragments. Plus le nombre de QTA augmente plus il faudra augmenter les effectifs : c'est ce qui explique qu'il soit difficile d'introduire plus de trois ou quatre QTA. Avec trois QTA et des fragments de 20 à 30 cM, des effectifs de l'ordre de 200 individus peuvent permettre de trouver les génotypes recherchés. On ne peut pas espérer manipuler simultanément plus de quatre ou cinq QTA pour des tailles de populations de l'ordre de 300 individus (Hospital et Charcosset, 1997).

Lorsque le nombre de QTA à transférer est supérieur à quatre ou cinq, il est pratiquement impossible de les introduire simultanément car cela nécessiterait des effectifs trop importants. Si le fond génétique est important, c'est à dire si l'on veut accumuler les QTA favorables dans un génotype donné, alors il faut toujours faire appel à la méthode de rétrocroisement, mais l'accumulation se fera de façon progressive, en cascades de deux à quatre QTA, les nouvelles lignées issues d'un cycle d'introgression étant prises comme lignées récurrentes pour l'introgression de nouveaux QTA. C'est pratiquement de la sélection récurrente, puisqu'on y retrouve bien la notion d'accumulation de cycles pour réunir dans un même génotype le maximum d'allèles favorables, sachant qu'à chaque cycle seulement un nombre limité de QTA favorables peuvent être fixés. On peut alors parler de construction récurrente de génotypes par rétrocroisement assisté par marqueurs. Si le fond génétique n'est pas important à considérer, ou si le but est de créer du nouveau matériel génétique, la sélection récurrente assistée par marqueurs est une solution.

## Sélection récurrente assistée par marqueurs pour des caractères quantitatifs

Le but de la sélection récurrente assistée par marqueurs est de réunir dans un même génotype le maximum de QTA favorables (Figure 5.3). Cela se fait à travers l'augmentation de la fréquence des QTA favorables au sein de la population améliorée. Dans ce but, les marqueurs moléculaires peuvent être utilisés de deux façons, qui sont d'ailleurs complémentaires :

— soit pour réaliser une sélection récurrente combinée « phénotype + marqueurs », dans laquelle les marqueurs sont considérés comme des caractères associés au caractère sélectionné ;

— soit pour réaliser une sélection récurrente sur marqueurs seuls, ou plutôt une sélection alternant sélection combinée « phénotype + marqueurs » et sélection sur marqueurs seuls, ce qui permet d'utiliser au mieux ce que peuvent apporter les marqueurs, à savoir la sélection sans évaluation phénotypique.

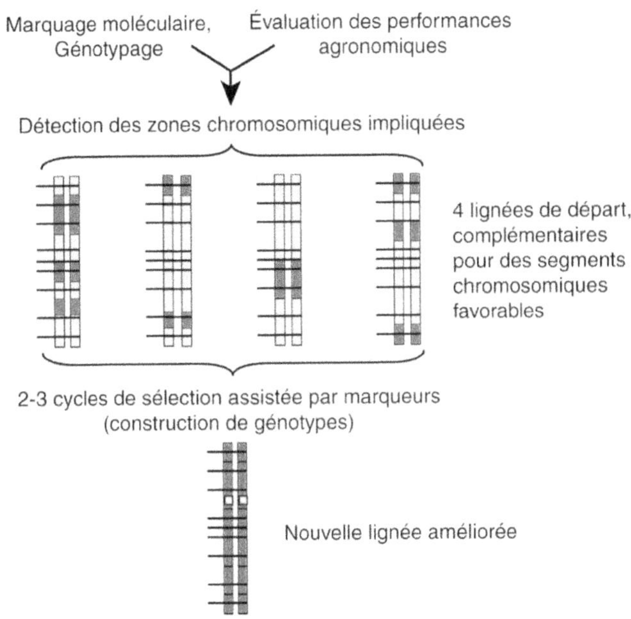


**Figure 5.3.** Illustration du but de la sélection assistée par marqueurs.

Il s'agit de diriger la réassociation des segments chromosomiques favorables, voire des allèles, pour les réunir dans un même génotype, plus facilement et plus efficacement que par sélection phénotypique.

Les effets des QTL peuvent être relatifs à la valeur propre ou à la valeur en combinaison avec un testeur. Pour la valeur en combinaison, il suffit d'avoir apprécié la valeur en combinaison de chaque lignée de la population de détection de QTL. Les méthodes qui suivent s'appliquent donc aussi bien à l'amélioration de la valeur propre, en vue de la création de variétés lignées, qu'à l'amélioration de la valeur en combinaison avec un testeur, en vue de la création de variétés hybrides.

## Principe de la prédiction des valeurs génétiques par les marqueurs moléculaires

Lorsque des QTL ont été détectés dans une population en ségrégation, les marqueurs moléculaires permettent de prédire la valeur d'un génotype d'une population. Cette valeur, centrée par rapport à la moyenne des parents, est pour une plante, en l'absence d'interactions entre QTL, la somme des valeurs génotypiques aux QTL détectés (Tableau 5.1).

**Tableau 5.1.** Principe de la lecture de la valeur génotypique par les marqueurs.

**Résultats de la détection de QTL (valeurs des génotypes dues aux effets des différents QTL)**

| Génotype au QTL | QTL | | | |
| --- | --- | --- | --- | --- |
| | **Q1** | **Q2** | **Q3** | **Q4** |
| *11* | – 3,2 | + 1,5 | + 2,4 | – 2,0 |
| *12* | + 0,6 | + 1,0 | + 3,0 | – 0,8 |
| *22* | + 3,2 | – 1,5 | – 2,4 | + 2,0 |

**Génotypes aux QTL (donnés par les marqueurs) de diverses plantes**

| | | | | |
| --- | --- | --- | --- | --- |
| Plante 1 | *11* | *12* | *11* | *22* |
| Plante 2 | *12* | *22* | *12* | *12* |
| .... | | | | |
| Plante *x* | *22* | *12* | *11* | *12* |

**Prédiction de la valeur des plantes (moyenne des deux parents + effets des QTL)**

$G1$ = moy. parents – 3,2 + 1,0 + 2,4 + 2,0 = 86,2

$G2$ = moy. parents + 0,6 – 1,5 + 3,0 – 0,8 = 85,3

$Gmax$ = moy. parents + 3,2 + 1,5 + 3,0 + 2,0 = 93,7

L'exemple est relatif à une population en ségrégation, issue d'une $F_1$, avec à un locus les trois génotypes possibles (*11*, *12* et *22*), *1* et *2* représentant les allèles issus respectivement du parent 1 et du parent 2. Quatre QTL (Q1, Q2, Q3 et Q4) sont considérés. La valeur génétique $Gn$ d'une plante *n*, prévue par les marqueurs, s'obtient alors en ajoutant à la moyenne de ses deux parents (valant ici 84) la somme des valeurs du génotype de cette plante aux différents QTL. $Gmax$ représente la valeur maximale qu'il est possible d'atteindre en cumulant dans un même génotype tous les allèles favorables des différents QTL détectés.

## Sélection récurrente combinée « phénotype + marqueurs »

Les marqueurs moléculaires sont un outil pour prédire la valeur des génotypes mais seulement pour les QTL détectés, qui sont un sous-ensemble de tous les QTL impliqués dans la variation du caractère quantitatif considéré. La valeur phénotypique en elle-même (valeur propre d'un individu ou valeur d'une descendance[86]), utilisée dans les schémas « classiques », qui fait intervenir tous ces QTL, peut donc apporter une information supplémentaire pour la prédiction de la valeur génétique, comme tout caractère lié au caractère sélectionné. La meilleure façon d'utiliser toute l'information est alors de combiner dans une équation de prédiction (définissant un index) la valeur phénotypique et la valeur génétique prédite par les marqueurs. L'information apportée par les marqueurs s'ajoute à celle apportée par l'évaluation phénotypique. En sélectionnant les plantes sur la base de l'index, l'efficacité par cycle de sélection est plus élevée que celle de la sélection phénotypique seule et que celle de la sélection sur marqueurs seuls. Le gain d'efficacité attendu par rapport à la sélection phénotypique est en théorie, avec des effectifs très importants, d'autant plus grand que l'effet du milieu est fort (héritabilité faible) ; il est très faible pour des héritabilités élevées (Lande et Thompson, 1990). Cependant, en pratique, si l'héritabilité est très faible, avec des effectifs limités, il y a une perte de puissance dans la détection des QTL, qui se traduit par une diminution d'efficacité relative de la sélection combinée « phénotype + marqueurs ».

Le gain par rapport à une sélection phénotypique conventionnelle doit cependant être considéré pour un même investissement. En effet, pour les méthodes de sélection phénotypique avec tests de descendances, l'investissement supplémentaire nécessité par le recours aux marqueurs moléculaires, pourrait tout aussi bien être utilisé pour réaliser plus de répétitions ou de lieux d'essais en sélection phénotypique. Il apparaît alors que la sélection combinée « phénotype + marqueurs », à moyens égaux par rapport à la sélection phénotypique, ne fait que peu gagner en efficacité (Moreau *et al.*, 2000). En effet, lorsqu'il y a des études de descendances avec suffisamment de répétitions, l'héritabilité au niveau des moyennes est souvent élevée (même pour des caractères dits à faible héritabilité comme le rendement) et l'apport des marqueurs est alors faible. De plus, dans cette méthode, on n'exploite pas suffisamment l'intérêt des marqueurs, qui est de permettre de prévoir la valeur agronomique des individus candidats à la sélection simplement par leur génotypage, sans évaluation sur le terrain. Nous allons donc voir ce que peut apporter la sélection sur marqueurs seuls.

## Sélection récurrente sur marqueurs seuls avec détection de QTL

### *Principe et mise en œuvre*

Plusieurs générations d'intercroisement détruisent rapidement les liaisons entre marqueurs et QTL qui ne sont pas dues au linkage (voir p. 34). C'est pourquoi, afin de maximiser l'efficacité de la sélection sur marqueurs seuls, les populations

---

86. En sélection récurrente il faut prévoir la valeur de la descendance en croisement de chaque plante candidate à la sélection.

d'amélioration sont de préférence des populations utilisées pour la détection de QTL dans lesquelles les liaisons entre marqueurs et QTL ne peuvent être dues qu'au linkage. Il faut d'abord détecter les associations entre marqueurs et QTL. La première étape de la sélection est donc une sélection combinée « phénotype + marqueurs », la plus efficace pour valoriser toute l'information recueillie.

La sélection sur marqueurs seuls commence après un cycle de sélection combinée. Le but de cette sélection est alors d'augmenter la fréquence des allèles marqueurs favorables[87]. Il en résultera une augmentation de la fréquence des génotypes porteurs du maximum d'allèles favorables. À une génération quelconque de sélection, la valeur d'un individu candidat à la sélection est calculée à partir des marqueurs présents. Cette valeur, qui représente le *molecular score*, peut être déterminée de deux façons :

– en donnant la même importance à tous les QTL, la valeur d'un génotype étant déterminée simplement par le nombre d'allèles marqueurs favorables portés par les individus ;

– en considérant l'effet des QTL, la valeur d'un génotype étant déterminée par la somme des effets des allèles portés par un génotype pour les QTL détectés (comme indiqué au tableau 5.1).

Les plantes sélectionnées sont alors croisées entre elles et un nouveau cycle de sélection sur marqueurs seuls peut commencer.

Les étapes d'une méthode utilisant au mieux l'apport des marqueurs moléculaires sont les suivantes :

– génotypage des descendants des croisements des plantes sélectionnées puis prédiction, à l'aide des marqueurs liés aux QTL détectés, des croisements d'individus qui donneront les meilleures descendances et, si possible, les meilleurs individus ;

– réalisation des meilleurs croisements entre plantes sélectionnées.

Un cycle de sélection sur marqueurs seuls recommence à nouveau, avec le génotypage des individus résultant des croisements et la prédiction des meilleurs croisements, etc. (Blanc *et al.*, 2008).

L'avantage de la sélection sur marqueurs seuls est qu'elle ne nécessite pas d'évaluation phénotypique après la détection de QTL ; la sélection portant seulement sur les marqueurs, elle peut être conduite en générations accélérées. Ainsi, pour une plante annuelle, la durée d'un cycle peut être divisée par plus de trois, voire par six, par rapport à des cycles de sélection récurrente sur descendances de trois ans. Donc, même avec un progrès nettement plus faible par cycle, le progrès par unité de temps peut être supérieur à celui qui serait obtenu avec une sélection phénotypique.

Quelques cycles de sélection récurrente sur marqueurs seuls peuvent permettre de réunir assez rapidement dans un même génotype une dizaine de segments chromosomiques favorables, ce que ne permet pas le transfert par rétrocroisement (voir p. 120). De plus, par rapport aux méthodes de rétrocroisement, ces méthodes de

---

87. Un allèle marqueur favorable est un marqueur lié à un allèle favorable du QTL, pour le caractère considéré.

sélection récurrente sur marqueurs seuls peuvent permettre de maintenir encore une certaine variabilité génétique dans la partie non marquée du génome.

## *Alternance de sélection combinée « phénotype + marqueurs » et de sélection sur marqueurs seuls*

Après deux ou trois cycles de sélection sur marqueurs seuls, la réponse à la sélection sur marqueurs seuls devient faible, car certains QTL se fixent (deviennent homozygotes) et il peut y avoir une recombinaison entre les QTL et leurs marqueurs. À partir du matériel amélioré, des lignées nouvelles peuvent alors être extraites, évaluées et croisées entre elles pour détecter de nouveaux QTL. Du fait de la fixation de certains QTL et du changement de fond génétique, de nouveaux QTL seront détectés ; un nouveau cycle de sélection sur marqueurs seuls peut débuter, etc. Pour les caractères complexes, déterminés par de nombreux QTL, la mise en œuvre de la sélection sur marqueurs seuls conduit donc à alterner un cycle de sélection combinée « phénotype + marqueurs » et deux ou trois cycles de sélection sur marqueurs seuls.

## Augmentation de l'efficacité de la sélection assistée par marqueurs

### *Utilisation de dispositifs multiparentaux*

L'efficacité de la sélection sur marqueurs seuls est fortement conditionnée par la précision dans la détection de QTL et par la variabilité utilisable. Il faut alors investir suffisamment dans l'évaluation phénotypique (phénotypage) pour la détection de QTL et avoir des populations de taille assez importante, plus complexes que les populations biparentales. L'utilisation de plans de croisements à plus de deux parents, avec des populations biparentales connectées, permet de gagner en puissance dans la détection de QTL. De plus, ce type de dispositif augmente la diversité allélique aux QTL ainsi que le nombre d'allèles favorables en cause, ce qui offre un potentiel d'amélioration plus important.

### *Combinaison de l'haplodiploïdisation et des marqueurs moléculaires*

L'utilisation de l'haplodiploïdisation dans la sélection assistée par marqueurs présente plusieurs avantages, si elle est bien maîtrisée. D'un point de vue génétique, elle permet d'obtenir rapidement l'état homozygote, qui contribue à augmenter la puissance de détection des QTL par rapport à des générations non fixées (en augmentant la variance génétique et donc l'héritabilité). D'un point de vue appliqué, elle permet une alternance très efficace d'un cycle de sélection combinée « phénotype + marqueurs » et de quelques cycles de sélection sur marqueurs seuls, avec une sortie très rapide vers la création variétale possible à tout moment.

Ainsi, le schéma précédent de sélection avec croisements dirigés peut commencer par un plan de croisement entre lignées, d'où sont extraites les lignées par haplodiploïdisation. L'idéal est de partir d'un plan de croisements à plusieurs parents. Les lignées obtenues sont alors évaluées pour leur valeur en combinaison et un cycle de sélection combinée « phénotype + marqueurs » est réalisé. Puis, à chaque cycle de sélection sur marqueurs seuls, les marqueurs moléculaires permettent de prévoir les croisements de lignées qui donneront les meilleures lignées ; ces croisements sont réalisés, et le génotypage de leurs descendants permet à nouveau de prévoir les croisements à réaliser qui donneront les meilleures lignées…, et ceci, pendant deux ou trois cycles. Ensuite, des lignées améliorées peuvent être extraites par haplodiploïdisation et être utilisées pour le développement de nouveaux hybrides ; afin de débuter un nouveau cycle de sélection combinée « phénotype + marqueurs », elles peuvent aussi entrer dans un nouveau plan de croisement, avec éventuellement de nouvelles lignées, extérieures au plan de croisement de départ (Figure 5.4). L'avantage de ce schéma est de permettre une véritable construction récurrente de génotypes, avec une sortie rapide vers la création de nouveaux parents d'hybrides.

## Genome wide selection, *ou sélection génomique*

L'inconvénient des méthodes de sélection assistée sur marqueurs seuls basée sur la détection de QTL est qu'elles ne font pas intervenir les QTL à faibles effets ou ceux assez éloignés d'un marqueur. Avec l'évolution des techniques et la forte diminution du coût du marquage moléculaire, il est possible d'avoir un marquage très dense du génome (plusieurs milliers de marqueurs bien répartis) de telle sorte que tout QTL a de fortes chances d'être très lié à un marqueur. Une autre forme de sélection sur marqueurs seuls peut alors être envisagée, sans qu'il y ait sélection des marqueurs liés significativement à la valeur phénotypique : c'est la *genome wide selection*, ou sélection génomique (Meuwissen *et al.*, 2001). Dans cette méthode, la valeur génétique de chaque plante candidate à la sélection est calculée directement par régression de la valeur phénotypique sur l'ensemble des marqueurs du génome[88]. En fait, les équations de prédiction sont établies sur une population de référence, proche de la population d'amélioration, puis elles peuvent être utilisées pendant trois ou quatre générations de sélection sur marqueurs seuls. Le marquage très dense du génome fait que tout QTL, même à effet très faible, non détectable, peut contribuer aux valeurs génétiques prédites.

Testée par simulation, cette méthode est apparue nettement plus efficace par unité de temps que la sélection sur marqueurs seuls avec prise en compte des effets des QTL détectés par les marqueurs moléculaires (Bernardo et Yu, 2007 ; Heffner *et al.*, 2010). Dans cette démarche, il ne devient plus indispensable de travailler avec des populations adaptées à la détection de QTL ; d'autres types de populations plus complexes, présentant plus de variabilité génétique, peuvent être utilisés, même des populations telles que celles utilisées en sélection récurrente.

Cette méthode en développement pour l'amélioration des plantes (Jannink *et al.*, 2011) a déjà révolutionné l'organisation de la sélection animale, en particulier la sélection bovine (bovins laitiers). Dans ce cas, il est attendu non seulement une augmentation du progrès génétique par unité de temps (multiplié par deux) mais aussi une augmentation de la diversité génétique des taureaux utilisés.

---

88. Mais le grand nombre de marqueurs, supérieur au nombre de plantes étudiées, rend le problème difficile à résoudre du point de vue statistique, d'où l'utilisation de méthodes particulières de régression qui ne sont pas évoquées ici.

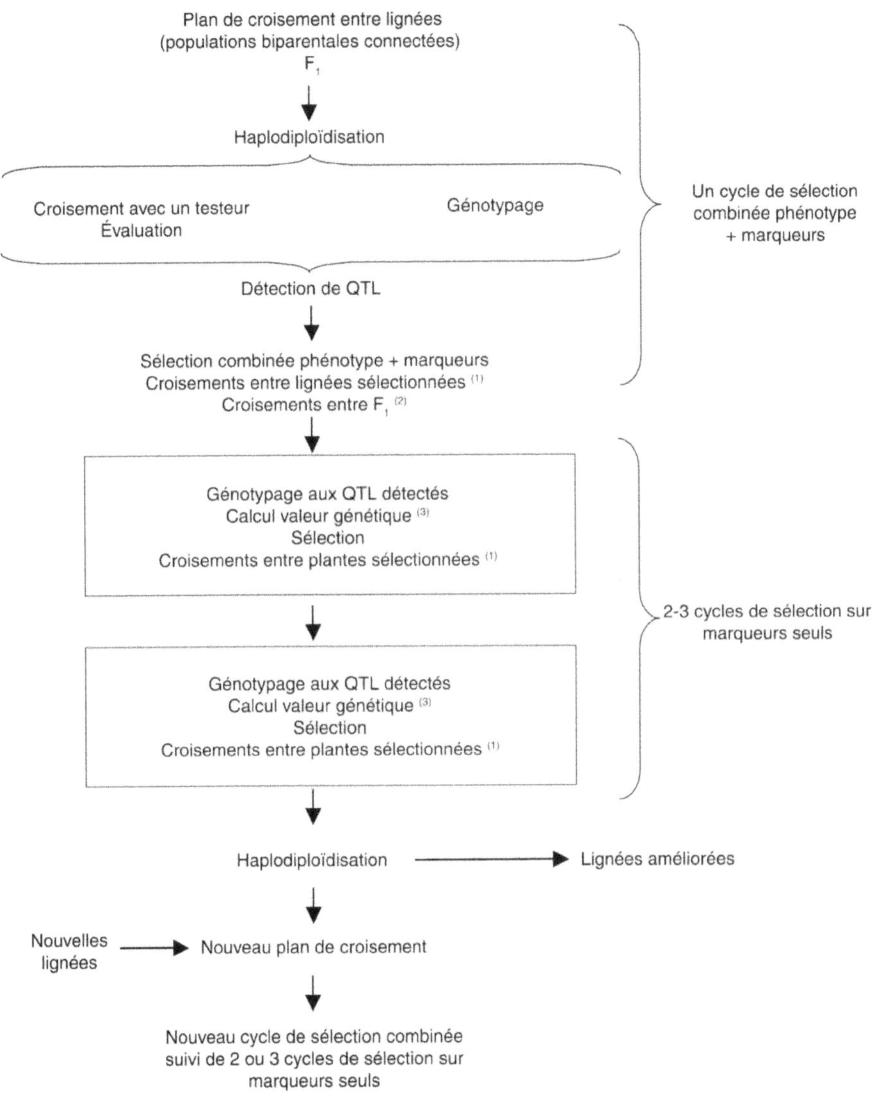


**Figure 5.4.** Organisation de la sélection assistée par marqueurs utilisant l'haplodiploïdisation.

Un cycle de sélection combinée « phénotype + marqueurs » est suivi de deux ou trois cycles de sélection sur marqueurs seuls. Ce schéma s'applique aussi bien à la sélection de lignées pour leur valeur propre que pour leur valeur en combinaison : ce qui différencie ces deux situations, c'est seulement l'évaluation du matériel. [1] Le croisement entre lignées ou plantes sélectionnées peut se faire au hasard ou être dirigé. [2] Un 2e cycle de recombinaison est nécessaire car le premier intercroisement conduit à des $F_1$. Le fait d'avoir un dispositif multiparental permet à ce niveau de faire des hybrides doubles avec des QTL provenant de quatre parents indépendants. [3] Le calcul de la valeur génétique d'une plante (estimation de la valeur des lignées dérivables de cette plante) peut se faire en tenant compte des effets des QTL ou en donnant le même poids à chaque QTL.

## Évolution de la sélection grâce aux marqueurs moléculaires

Avec le développement du marquage moléculaire, la sélection a subi une profonde transformation. Depuis le début du XX$^e$ siècle, le sélectionneur ne faisait essentiellement appel qu'aux outils de la sélection phénotypique, avec croisement, autofécondation et évaluation au champ. Aujourd'hui, avec les marqueurs moléculaires et la maîtrise de l'haplodiploïdisation, la sélection généalogique inventée par Louis de Vilmorin se trouve profondément modifiée dans ses modalités d'application. On prédit les croisements qui donneront les meilleurs individus puis, grâce à l'haplodiploïdisation, on extrait directement de ces croisements les lignées pures. À l'aide des marqueurs moléculaires, les lignées transgressives meilleures que le meilleur parent sont identifiées directement, sans évaluation phénotypique, ce qui permet de reprendre rapidement un nouveau cycle de sélection pour cumuler le plus rapidement possible le maximum d'allèles favorables dans un même génotype.

Avec la sélection assistée par marqueurs, la sélection devient de plus en plus génotypique (Gallais, 2000). La valeur des génotypes tend, en effet, à être appréciée par les gènes qu'ils portent et, même s'il reste l'aléa de la méiose, les réassociations de gènes non allèles sont de plus en plus contrôlées par le choix des génotypes à croiser et l'identification des recombinaisons favorables dans les descendants. Les progrès dans la génomique, par exemple l'identification de marqueurs à l'intérieur même des allèles, ne font qu'accentuer cette évolution de la sélection. Ainsi, dans la sélection sur marqueurs seuls, le risque de recombinaison entre le marqueur et le QTL peut être de plus en plus éliminé. Il en résulte alors une meilleure utilisation de la variabilité génétique, une rupture possible de certaines liaisons génétiques défavorables et, surtout, une meilleure utilisation du temps, avec la possibilité de développer des cycles de sélection sans évaluation phénotypique.

La sélection récurrente assistée par marqueurs devient ainsi une construction par récurrence des meilleurs génotypes possibles. Cependant, ce type de sélection ne diminue pas l'importance de l'évaluation phénotypique ; elle la rend seulement moins fréquente. En effet, une des conditions du succès de la sélection assistée par marqueurs est la précision de l'évaluation phénotypique pour la détection des associations entre les marqueurs et la valeur génétique. De plus, les méthodes d'évaluation phénotypique à haut débit qui se développent, combinées à un marquage très dense du génome (par exemple, avec des marqueurs SNP), permettront de détecter des gènes impliqués dans des caractères physiologiques liés à des caractères agronomiques, et donc de construire des génotypes cumulant des allèles d'adaptation à différents milieux. Ce type d'évaluation devrait à terme donner encore plus d'efficacité à la sélection génomique.

# 6

# Création d'une nouvelle variabilité génétique

*Dans le chapitre précédent, nous avons vu des outils permettant de mieux diriger les recombinaisons entre gènes non homologues. Nous allons décrire maintenant deux outils à la disposition du sélectionneur permettant d'agir directement sur le gène : la mutagenèse, qui crée de nouveaux allèles à un locus, et la transgénèse, qui permet d'introduire directement dans le génome soit de nouveaux gènes, venant d'autres espèces, soit des gènes déjà présents dans l'espèce, mais modifiés pour avoir un effet différent.*

## Mutagenèse

### Définition

Au sens large, la mutagenèse est l'induction de modifications au niveau du génome. Ces modifications peuvent être de nature très différente : le changement du niveau de ploïdie (mutation génomique), la perte ou l'addition de chromosomes, la délétion ou la translocation de fragments chromosomiques (mutations chromosomiques) ou la modification de la séquence des bases de l'ADN. Au sens restreint, la mutagenèse est relative à ce dernier type de modifications au niveau du gène, et on parle de mutations géniques[89]. Toutes ces modifications au niveau du génome, en particulier le changement de séquence des bases, n'ont pas nécessairement un effet sur le phénotype. Du point de vue du sélectionneur, pour les plantes à multiplication végétative, n'importe quel type de mutations peut être important à considérer, même si elles ne sont pas transmissibles par la voie sexuée. En revanche, pour les plantes à reproduction sexuée, ce sont les mutations géniques, héréditaires, qui sont à considérer.

La mutagenèse peut être spontanée ou induite.

---

89. Dans ce cas il serait justifié d'écrire « mutagénèse » (avec un accent) pour bien montrer que l'on agit sur le gène en le modifiant (ce qui serait homogène avec la nouvelle écriture de « transgénèse » qui a le sens de transfert d'un gène).

## Mutagenèse génique spontanée

Certains facteurs du milieu peuvent provoquer les mutations observées dans la nature ; ce sont en particulier les rayons cosmiques et le rayonnement ultra-violet. Des mutations géniques spontanées peuvent se produire dans les cellules reproductrices et se retrouvent donc dans la descendance d'un individu, ou dans des cellules somatiques et, dans ce cas, les modifications ne sont pas héréditaires. Elles se produisent de façon aléatoire, peuvent affecter tous les caractères et sont très fréquemment récessives.

La fréquence des mutations géniques spontanées dépend des gènes, mais elle est généralement très faible. Elle est souvent de l'ordre de $10^{-6}$ à $10^{-5}$ par gène et par génération : par exemple, la fréquence de mutation du gène $sh_2$[90] chez le maïs a été estimée à $1,2 \times 10^{-6}$, celle des allèles d'incompatibilité chez le merisier, *Prunus avium,* serait de 0,2 à $2,3 \times 10^{-6}$ par génération. Cependant, il y a des gènes labiles, qui ont un taux de mutation plus élevé ; par exemple, chez *Delphinium*, les gènes de coloration des fleurs ont un taux de mutation de $10^{-3}$ par génération. Au niveau moléculaire, des études sur l'arabette (*Arabidopsis)* ont montré un changement de base par génome (constitué par 140 millions de bases) et par génération (Ossowski *et al.*, 2010). Avec environ 30 000 gènes par génome, cela conduit à un taux de mutation de $3,3 \times 10^{-6}$ par gène et par génération. Mais seulement environ 10 % de ces mutations ponctuelles ont un effet sur la séquence des acides aminés des protéines. Sur la base d'un taux de mutation à un locus compris entre $10^{-6}$ et $10^{-5}$, avec 30 000[91] gènes pour un individu diploïde, cela conduit à un nombre moyen de mutations attendues de 0,03 à 0,3 par individu et par génération, ce qui peut être considéré comme assez élevé. Chez une espèce comme le blé, ce nombre attendu est encore plus élevé puisque son allopolyploïdie (présence de trois génomes) multiplie par trois le nombre moyen de mutations par individu, soit 0,1 à 1 mutation par individu et par génération.

Chez les plantes à reproduction sexuée, la mutagenèse spontanée est à l'origine d'une part importante de la variabilité génétique utilisée par le sélectionneur, celle qui vient de la variation des allèles aux différents locus du génome (Photos 16 et 17). Chez les plantes à reproduction végétative, la mutagenèse spontanée conduit à accumuler de nombreuses mutations à l'état hétérozygote.

## Mutagenèse génique induite, ou artificielle

### Agents mutagènes

La mutagenèse peut être induite par des rayonnements électromagnétiques et particulaires provoquant l'ionisation de la matière traversée et par des agents chimiques. Comme la mutagenèse spontanée, elle agit aussi de façon aléatoire et, en ce qui concerne les mutations géniques, provoque les mêmes changements, mais avec

---

90. Mutation qui bloque la synthèse de l'amidon dans le grain de maïs.
91. Nombre approximatif.

une fréquence beaucoup plus élevée (multipliée au moins par 100, voire par 500 – Greene *et al.*, 2003).

## Radiations ionisantes mutagènes

Les radiations ionisantes peuvent entraîner différents types de changements sur le génome : des cassures chromosomiques, d'où des pertes de segments chromosomiques (délétions), des translocations (déplacement de segments chromosomiques), des inversions, des mutations ponctuelles. Les radiations ionisantes les moins denses (rayons X, rayons gamma produits par le cobalt 60) produisent moins d'altérations chromosomiques et plus de mutations ponctuelles au niveau du gène. Les ultraviolets, qui agissent par excitation des électrons et non par ionisation directe, induisent entre autres des mutations ponctuelles, géniques, par action sur les pyrimidines, bases azotées des nucléotides T et C.

## Agents chimiques mutagènes

De nombreux agents chimiques mutagènes sont connus. Ils modifient la séquence des bases A, T, G et C dans la chaîne d'ADN. Les plus utilisés sont les analogues structuraux des bases, les agents alkylants, les acridines et l'acide nitreux. Les analogues structuraux des bases, comme le 5-bromo-uracile (5-BU) ou la 2-aminopurine (2-AP), provoquent des duplications ou incorporations de bases. Le 5-BU a une structure proche de celle de la thymine (T) et il s'apparie avec l'adénine (A), mais il y a des erreurs d'incorporation fréquentes (G à la place de A). Les agents alkylants, comme le gaz moutarde (ypérite) et ses dérivés, produisent aussi des altérations chromosomiques et des mutations ponctuelles. Le MSE[92] (méthanesulfonate d'éthyle), un agent alkylant très utilisé en mutagenèse, produit essentiellement des mutations ponctuelles ; la guanine (G) est la base la plus sensible. Les acridines, comme la proflavine, peuvent s'insérer entre deux nucléotides de bases purines (A et G). L'acide nitreux provoque une désamination de la cytosine et de l'adénine ; la paire A-T est remplacée par la paire G-C, et réciproquement.

## Détection moléculaire des mutations ponctuelles

Les mutations induites peuvent être détectées au niveau moléculaire par la méthode dite du *Tilling* (*Targeting Induced Local Lesions IN Genomes*, c'est-à-dire l'identification des lésions induites localement dans le génome). Cette méthode a été développée pour la première fois en 2000, pour la détection des mutations SNP[93] chez l'arabette (*Arabidopsis)*, juste après une mutagenèse induite (McCallum *et al.*, 2000). Cette technique est une combinaison de la mutagenèse aléatoire, selon différentes méthodes (induction par le méthanesulfonate d'éthyle, mutagenèse insertionnelle[94]...), avec des méthodes modernes d'analyse d'ADN permettant

---

92. On le désigne aussi par EMS (pour *ethyl methanesulfonate ou ethyl methyl sulfonate*).
93. Une mutation SNP (*single nucleotid polymorphism*) est une mutation ponctuelle, qui affecte un seul nucléotide. Il peut aussi s'agir de la perte d'un nucléotide.
94. Méthode qui consiste à insérer un fragment d'ADN, par exemple un transposon, dans un gène.

l'identification à haut débit des mutations ponctuelles, grâce à certaines enzymes (des endonucléases spécifiques) qui identifient l'endroit où la mutation a eu lieu[95]. Les méthodes de *Tilling* à haut débit peuvent aussi servir à la détection de mutations spontanées dans les populations.

## Stade de développement et organe choisis pour le traitement mutagène

Les traitements mutagènes peuvent porter sur différents organes, selon la biologie de l'espèce.

Chez les plantes à multiplication végétative, ils peuvent porter sur des feuilles ou des fragments de feuilles (lorsque la régénération est possible par bourgeonnement adventif de feuilles, par exemple chez le bégonia), des fragments de racines (chez les espèces où le drageonnement naturel existe) mais, le plus souvent, la mutagenèse porte sur des méristèmes de bourgeons, bulbes, ou tubercules. Dans ce cas, le risque est d'avoir des plantes chimériques, c'est-à-dire avec des parties portant la mutation et d'autres sans la mutation, ce qui complique la récupération de la mutation (voir ci-dessous la partie concernant l'obtention des plantes portant la mutation). En revanche, la régénération *in vitro* par bourgeons adventifs à partir d'explants[96] réduit les risques de chimères (un bourgeon adventif issu d'une cellule mutante conduira à une plante présentant la mutation dans toutes ses cellules). La mutagenèse peut aussi être appliquée à des cellules isolées (protoplastes) en culture *in vitro* ; les plantes qui seront ensuite régénérées seront uniformément porteuses, ou uniformément non porteuses, de la mutation.

Pour les plantes à multiplication sexuée, la mutagenèse porte le plus souvent sur des graines ou des embryons cultivés *in vitro*. Le risque d'obtenir des chimères existe aussi dans ce cas. Une façon d'éviter les plantes chimériques est d'appliquer la mutagenèse sur le gamétophyte, par exemple sur le pollen ou les microspores. Le gamétophyte traité peut être utilisé pour féconder une plante non mutée. Les cellules haploïdes (par exemple des microspores) traitées peuvent aussi être cultivées *in vitro*, puis on régénère des plantes haploïdes et on effectue leur doublement chromosomique, lorsque cela est possible : cela présente l'avantage de conduire à des plantes homozygotes pour la mutation. La mutagenèse peut aussi, avec ces espèces, être avantageusement appliquée à des protoplastes en culture *in vitro*.

## De l'expression de la mutation à l'obtention de plantes portant la mutation

### Cas de la multiplication végétative

Chez les plantes à multiplication végétative il est possible de reproduire à grande échelle le caractère mutant qui apparaît chez les plantes obtenues à partir des

---

95. Un changement de base, par exemple un G à la place d'un A, au niveau d'un brin de la chaîne d'ADN, se traduit par un défaut d'appariement des deux brins d'ADN ; c'est ce défaut qui est détecté par certaines enzymes.

96. Fragments d'organes cultivés *in vitro* en vue de la régénération de plantes.

organes traités. Il est donc important de voir à quelle condition une mutation peut apparaître. Il faut d'abord souligner que les traitements mutagéniques provoquent souvent des lésions cellulaires entraînant la mort des cellules et une réorganisation de l'apex. De plus, comme nous l'avons précédemment souligné, par le traitement d'apex végétatifs (de bourgeons, de graines, d'embryons), la mutagenèse conduit à des chimères ; la mutation peut affecter soit une cellule des couches superficielles de l'apex (couche L1, extérieure, et couche L2, sous-épidermique, formant la tunica) soit une cellule plus interne (de la couche L3, encore appelée corpus) (Figure 6.1). L'expression de la mutation au niveau de la plante dérivant des apex traités dépend de la couche cellulaire à laquelle appartient la cellule affectée par la mutation. De plus, chez une plante à multiplication végétative, à génome fortement hétérozygote, une mutation génique ne sera généralement mise en évidence par son effet sur le phénotype que si elle est récessive, ce qui est le cas le plus fréquent[97].

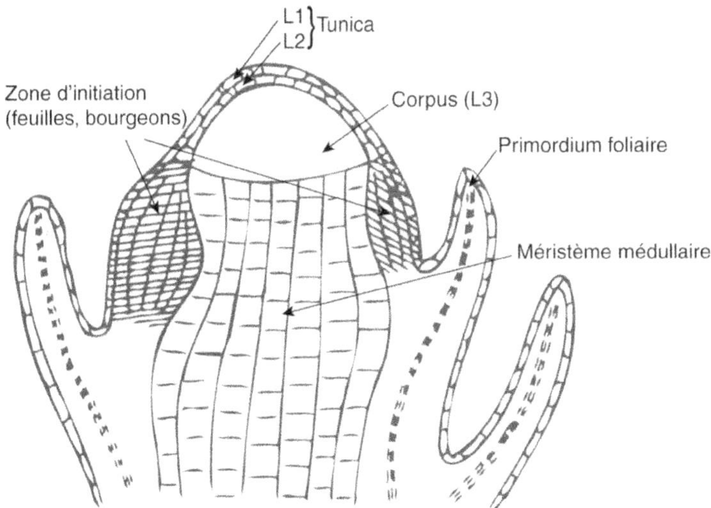


**Figure 6.1.** Structure d'un apex d'une plante dicotylédone (d'après Deshayes et Cornu, 1980).

Les couches L1 et L2 se maintiennent par des divisions cellulaires anticlinales (perpendiculaires à la surface) tandis que dans la couche L3, qui est en fait un massif cellulaire, les divisions cellulaires se font dans toutes les directions. Les feuilles (primordia foliaires) et les bourgeons axillaires sont initiés dans les couches L1 et L2 tandis que les gamètes prennent leur origine uniquement dans la couche cellulaire L2. La couche L3 participe aux tissus internes (parenchymes, vaisseaux) des feuilles, de la tige et des racines.

---

97. Si l'on se place dans le cas, simple, d'un locus ne présentant que deux allèles $A$ et $a$, à partir d'un génotype $Aa$, une mutation récessive (de l'allèle dominant $A$ vers l'allèle récessif $a$) conduit au génotype $aa$, différent phénotypiquement de $Aa$, alors qu'une mutation dominante (de l'allèle $a$ vers l'allèle $A$) conduit au génotype $AA$, non phénotypiquement différent de $Aa$.

Si la mutation affecte une cellule de la couche L1, au cours des divisions cellulaires cette mutation pourra n'envahir qu'un secteur de l'apex (chimère sectorielle), ou tout l'apex (chimère pericline). Dans ce dernier cas, elle pourra être assez stable par multiplication végétative. Mais s'il s'agit d'une chimère sectorielle, la mutation risque de disparaître au cours des générations de multiplication végétative, et il faudra plusieurs générations de clonage à partir de bourgeons axillaires issus de la couche mutée (en tenant compte de la phyllotaxie) pour arriver à un mutant formant une chimère pericline. Une mutation affectant la couche L1 pourra alors affecter les caractères de l'épiderme (couleur des feuilles, des fleurs, des fruits, caractère de pilosité, présence ou absence d'épines…).

Si la mutation affecte seulement la couche L2, elle n'affectera pas le phénotype. Cependant une lésion au niveau de la couche L1 peut faire apparaître la couche L2 au niveau superficiel. Dans ce cas, la mutation pourra alors s'exprimer au niveau phénotypique comme si elle avait affecté la couche L1, et donc si elle concerne les caractères « épidermiques ». À noter que chez les plantes à multiplication végétative, les apex peuvent être naturellement des chimères, avec des couches L1 et L2 qui ne sont pas du même génotype (qui peuvent avoir fixé des mutations spontanées différentes). Une lésion de la couche L1 causée par un traitement mutagène peut donc faire apparaître des mutants préexistant au traitement mutagène dans la couche L2. Il ne s'agit toutefois pas d'une mutation induite au sens que nous avons donné, mais de la révélation d'une mutation masquée.

Si la mutation concerne seulement la couche L3, ou les couches L2 et L3 de façon homogène (après réorganisation de l'apex), elle n'aura pas d'effet sur le phénotype, sauf si elle affecte les caractères de la racine. Mais, si après réorganisation de l'apex les trois couches L1, L2 et L3 sont homogènes, alors des mutations affectant tous types de caractères pourraient s'exprimer, en particulier des caractères affectant la morphologie. À noter qu'il s'agit là d'une hypothèse corroborée par différents faits expérimentaux qui traduit des contraintes très fortes dans le fonctionnement de l'apex (Y. Lespinasse, communication personnelle).

### Cas de la multiplication sexuée

Si ce sont des apex végétatifs (de bourgeons ou de graines) qui sont traités, la mutation ne sera transmise par la voie sexuée que si elle affecte les gamètes. Pour cela, elle doit concerner des cellules de la couche L2 à l'origine du pollen ou des ovules. Les graines obtenues par autofécondation (ou croisement) de la plante traitée seront, avec une faible probabilité, porteuses d'une mutation génique à l'état hétérozygote. Le traitement direct des gamètes conduit au même résultat. Il faudra donc obtenir un grand nombre de descendants (de l'ordre de quelques milliers, ce qui est possible avec beaucoup de plantes traitées) pour pouvoir détecter quelques plantes mutées. Si la mutation est dominante, c'est dès l'examen de la descendance en autofécondation de la plante issue des apex traités que le phénotype mutant pourra être détecté et il sera fixé par autofécondation en deux générations. Si la mutation est récessive, chez les espèces diploïdes, il faudra autoféconder les descendants issus des plantes traitées pour la faire apparaître ; elle sera à l'état homozygote et pourra donc être fixée par autofécondation. Il est possible de continuer en sélection généalogique si les plantes traitées n'étaient pas des lignées.

Chez les plantes autopolyploïdes, la mise en évidence des plantes mutées sera beaucoup plus difficile si la mutation affectant les gamètes est récessive. En effet, chez une espèce autotétraploïde, si l'allèle mutant *a* est récessif, une plante mutée *AAAa* autofécondée ne donnera aucune plante de phénotype mutant (donc *aaaa*) dans sa descendance ; il faudra autoféconder de nouveau toutes les plantes obtenues pour voir apparaître à la génération suivante quelques plantes homozygotes mutantes, puis faire une troisième autofécondation pour obtenir des familles fixées *aaaa*. Donc, avant de réaliser une mutagenèse chez une plante autotétraploïde, il sera préférable de la rendre diploïde par régénération d'une plante à partir des microspores ou des ovules.

Chez une plante allogame, le dispositif pour faire apparaître une mutation peut être moins lourd à conduire car il suffit de multiplier en isolement, en panmixie, les descendants des plantes traitées, avec des effectifs importants, pendant deux générations et de sélectionner les plantes avec un phénotype mutant qui apparaîtront. Cela permet aussi de travailler sur des effectifs plus importants que ceux utilisés en autofécondation, si celle-ci est réalisée manuellement.

La meilleure solution est évidemment de détecter la mutation au niveau moléculaire par la méthode du *Tilling*, appliquée à la descendance en autofécondation des plantes issues des graines traitées, à condition de disposer d'un marquage suffisamment dense du génome.

## Utilisation de la mutagenèse en amélioration des plantes

### Exemples de mutations utilisées en amélioration des plantes

Globalement, selon l'IAEA (*International Atomic Energy Agency*), plusieurs milliers de variétés de plantes (environ 3 220 en 2012) obtenues par mutagenèse sont commercialisées dans le monde. Parmi elles, 75 % sont des plantes de grande culture et 25 % des plantes ornementales (Ahloowalia *et al.*, 2004 ; IAEA, 2012). Environ les deux tiers ont été obtenus par les agents chimiques mutagènes. La mutagenèse est donc un outil qui est encore largement utilisé pour générer rapidement une variabilité génétique, là où la variabilité génétique spontanée n'apparaît pas très importante. Des exemples de mutations induites intéressantes, utilisées en amélioration des plantes sont cités dans le tableau 6.1.

Les arbres fruitiers, comme toute plante à multiplication végétative, sont un matériel idéal pour la mutagenèse, puisqu'il est possible de reproduire facilement un mutant dès qu'il a été identifié. Les nombreux mutants de pommier ainsi obtenus présentent des modifications concernant le port de l'arbre, la ramification, la fructification, la couleur du fruit (Cadic, 2012).

**Tableau 6.1.** Exemples de mutations artificielles utilisées en amélioration des plantes (tableau établi en partie à partir des données de Doré et Varoquaux, 2006).

| Espèce | Caractères et, éventuellement, variété, pays d'utilisation et mode d'obtention |
|---|---|
| **Plantes de grande culture** | |
| Betterave | Stérilité mâle nucléo-cytoplasmique utilisée au Japon |
| Blé | Résistances aux herbicides imidazolinones (plus de 150 variétés dans le monde). Au Pakistan, une variété plus tolérante à la sécheresse. En Chine, 700 000 ha cultivés avec des variétés portant des mutations induites |
| Orge | Nanisme. Variétés Baraka, Bétina (France). Rayons X |
| Riz | Forme et qualité du grain (Delta, Arlatan, Calendal en France), résistance à la verse (Allorio), résistance à la pyriculariose (Marathon). Rayons gamma (Cobalt 60) |
| Colza | Faible teneur en acide gras linolénique (Caddy), forte teneur en acide oléique (Cadoma), gène de nanisme Bzh utilisé au Canada, résistances à certains herbicides (imidazolinone et sulfonylurés) |
| Féverole | Précocité, résistance aux maladies, teneur en protéines |
| Lin | Faible teneur en acide alpha-linolénique (Linola au Canada, obtenue par traitement au MSE) |
| Soja | Résistance aux maladies et précocité, en Inde, Japon, Bangaladesh |
| Tournesol | Teneur en acide oléique (nombreuses variétés), résistance aux imidazolinones, par MSE |
| Pois | Précocité et type de croissance, en Pologne. |
| **Plantes légumières** | |
| Chou | Stérilité mâle nucléaire, par traitement au MSE, en Allemagne. |
| Chicorée/endive | Résistance au chlorsulfuron, variété Eurêka |
| Laitue | Essentiellement aux États-Unis, variétés naines Ice cube et Mini-green, résistance à la chaleur au Japon (Evergreen) |
| Pomme de terre | Couleur de la peau |
| **Plantes fruitières** | |
| Pamplemousse | Couleur rouge de la pulpe (Rubi red), absence de pépins (Star, Rubi) au Brésil et en Argentine |
| Pommier | Port de l'arbre (Courtagol, Courtisol), aspect du fruit (absence de *russeting*, variété Lysgolden, mutant de Golden delicious), Belrene (mutant de Reine des Reinettes obtenu par EMS), Courtavel (mutant à entre-nœuds courts issu de Starking delicious) en France, Autriche, Canada, Japon |
| Poirier | Résistance à la maladie des taches noires, par rayonnement gamma |
| Cerisier | Allèles d'autofertilité (Stella) |
| Pêcher | Calibre du fruit, rendement, par le rayonnement gamma, en Argentine et Bulgarie |
| Bananier | Précocité et taille de la plante |
| **Plantes ornementales** | |
| Weigelia | Feuillage panaché (Courtatom), par Cobalt 60 (rayons gamma) |
| Forsythia | Entre-nœuds plus courts (Courtalyn), port de la plante (Courtasol), caractère « ovata » des fleurs (Photo 18) par Cobalt 60 (rayons gamma) |

### Place de la mutagenèse dans l'amélioration des plantes

La mutagenèse est le moyen de créer une nouvelle variabilité génétique. Cela est particulièrement important lorsque la variabilité facilement disponible à l'intérieur d'une espèce est insuffisante. Elle est surtout intéressante pour des caractères à hérédité assez simple et pour des gènes à effets assez forts, peu affectés par le milieu. Elle a aussi été utilisée pour des caractères quantitatifs, polygéniques, sans que les gènes en cause soient identifiés, mais sans résultat évident.

Pour les plantes à multiplication végétative difficiles à reproduire par voie sexuée (exemple du pommier et du poirier) la mutagenèse permet d'avoir rapidement de nouveaux caractères dans un fond génétique connu, de bonne valeur.

Chez les espèces faciles à améliorer par voie sexuée, un allèle mutant peut être transféré par rétrocroisement directement dans un autre fond génétique, déjà amélioré, s'il n'y a pas de risque de modification d'autres caractères. Si d'autres caractères sont affectés indirectement par la mutation (par exemple, les gènes de nanisme ou de précocité modifient de nombreux autres caractères) l'allèle mutant peut être transféré dans du matériel qui subira ensuite une sélection pour les différents caractères en cause. Ainsi le génotype peut être adapté à la mutation, par la sélection de gènes modificateurs supprimant les effets défavorables du gène sans supprimer l'effet bénéfique recherché. Dans ce but, chez les plantes allogames, la sélection récurrente au niveau de populations peut être une excellente méthode. Cependant, tout ce travail peut être très long et n'est envisageable que pour les plantes annuelles ou bisannuelles.

### Vers une mutagenèse génique dirigée

Aujourd'hui, un autre type de mutagenèse induite est en cours de développement : il s'agit d'une mutagenèse contrôlée, permettant le changement de bases dans un gène déterminé à l'avance. Cela se réalise par l'isolement *in vitro* du gène, le changement de bases et la réinsertion du gène à la même place grâce à la maîtrise de la recombinaison homologue. Cette technique qui fait appel à la transgénèse ciblée, pour la réinsertion du gène, est présentée sommairement dans ce qui suit (voir p. 141).

# Transgénèse

## Définition

La transgénèse[98] peut être définie de façon assez large comme l'introduction d'un gène dans le génome[99] d'un organisme par des procédés artificiels, c'est à dire en dehors de la voie sexuée. On parle aussi de transformation génétique.

---

98. Nous écrivons transgénèse et non transgenèse, car il s'agit du transfert de gènes, et non de transgression de barrières de la genèse. Cette écriture a été validée par l'académie des Sciences.
99. C'est-à-dire dans son patrimoine génétique.

La transgénèse ne fait qu'exploiter le fait que tous les êtres vivants ont la même machinerie de lecture des gènes. En effet, de la bactérie à l'éléphant, tous les organismes vivants ont le même équipement pour lire tout gène : le code génétique est dit universel. Schématiquement, on peut dire qu'un gène d'une bactérie peut s'exprimer chez l'éléphant et, réciproquement, un gène d'éléphant chez la bactérie[100]. Par rapport aux outils précédemment décrits, à la disposition du sélectionneur, ce qui est nouveau avec la transgénèse, c'est que l'on agit de façon dirigée sur le « logiciel » qui pilote le fonctionnement d'un organisme.

De plus, de nombreux gènes restent communs à différents organismes malgré l'évolution. De nombreuses fonctions à la base de la vie sont régulées par les mêmes gènes quelles que soient les espèces (par exemple, le cycle de Krebs, lié à la respiration, est pratiquement commun à toutes les espèces vivantes, et les gènes impliqués sont les mêmes). Ainsi, environ 30 % des gènes de la levure et 60 % des gènes de l'oursin se retrouvent chez l'Homme. Parmi les plantes cultivées, des espèces d'une même famille botanique, comme le maïs, le blé, la canne à sucre ou le riz, ont certes le même ensemble de gènes, mais répartis différemment dans le génome, avec aussi des phénomènes de duplication de gènes ou de génomes, modifications qui entraînent une régulation différente des gènes et donc les différences entre espèces. Il en est de même chez les Solanacées, pour la tomate, la pomme de terre, le piment et l'aubergine.

Cela conduit donc à relativiser la notion de transgression des barrières spécifiques souvent implicite avec la notion de transgénèse. Il n'est alors pas très justifié de distinguer différentes situations de transgénèse, selon que le gène vient de la même espèce (on parle quelquefois de cisgénèse), d'espèces proches ou d'espèces très éloignées. Il est aussi important de rappeler que les échanges de gènes entre espèces, voire entre règnes très éloignés, en particulier des bactéries vers les plantes, se sont produits au cours de l'évolution des plantes. Ainsi, nous avons vu que les génomes mitochondriaux et chloroplastiques ont une origine bactérienne et que de nombreux gènes bactériens ont été intégrés dans le génome nucléaire par cette voie, au cours de l'évolution. Enfin, la transgénèse est un phénomène qui se produit naturellement lors de certaines attaques de maladies bactériennes (exemple, la galle du collet, voir ci-dessous) (Photo 19).

Dans ce qui suit, nous préférons parler de plantes transgéniques plutôt que d'OGM (organisme génétiquement modifié), car le terme OGM n'est pas adéquat, toute variété ayant été génétiquement modifiée par la sélection.

## Nature des gènes introduits

Les gènes introduits peuvent être « naturels », issus soit de la même espèce soit d'espèces très éloignées, de genres, voire de règnes, différents, mais, le plus souvent,

---

100. Sauf que les gènes bactériens n'ont pas d'introns (séquences non codantes) et que les gènes des organismes supérieurs (eucaryotes) avec introns ne peuvent pas s'exprimer directement chez une bactérie (les promoteurs, indispensables à l'expression du gène, ne sont pas les mêmes chez les bactéries et chez les eucaryotes). Mais la machinerie de lecture est bien la même.

ils sont le résultat d'une véritable construction (le transgène), avec des promoteurs (séquence qui contrôle le moment et le lieu d'expression du gène), une séquence codante et des terminateurs (séquence de fin de lecture) qui peuvent être issus de différentes espèces. Cela peut donc donner une variabilité totalement nouvelle au sélectionneur. L'action sur le promoteur permet de modifier l'intensité d'expression d'un gène et de faire s'exprimer le gène dans un tissu spécifique, à un moment donné. Le choix des promoteurs était jusque-là très restreint. Aujourd'hui, des promoteurs spécifiques de tissus sont isolés chez différentes espèces et on peut même modifier ces promoteurs.

## Méthodes de transformation

### *Le passage par la culture* in vitro

La transformation a lieu *in vitro* au niveau d'un fragment d'organe (méristèmes, embryons immatures…) ou de cellules isolées (protoplastes). Dans le premier cas, certaines cellules seront transformées, d'autres ne le seront pas ; la plante qui sera régénérée sera donc chimérique, ce qui complique un peu l'obtention de la plante transformée. Avec la transformation de cellules isolées, toutes les cellules de la plante régénérée à partir d'une cellule transformée porteront le transgène.

Le passage obligatoire par une étape de culture *in vitro* conduit à réserver le transfert des gènes par transgénèse aux génotypes d'une espèce qui régénèrent facilement une plante à partir d'une cellule ou d'un fragment de tissu. Cette étape est encore aujourd'hui le facteur le plus limitant à une utilisation généralisée de la transgénèse pour le transfert de gènes. Ainsi, chez le maïs, ce sont des lignées ayant une bonne aptitude à la culture *in vitro* qui sont transformées puis ces lignées servent de parent donneur pour transférer le transgène, par rétrocroisement assisté par marqueurs (voir p. 117), à des lignées n'ayant pas l'aptitude à la culture *in vitro*.

### Transfert non ciblé d'un gène

Jusqu'à aujourd'hui, le transfert des gènes se réalisait uniquement de façon non ciblée, soit indirectement, par l'intermédiaire d'une bactérie, soit directement, par biolistique.

#### Transformation par Agrobacterium tumefaciens

*Agrobacterium tumefaciens* est une bactérie qui provoque la galle du collet sur différentes espèces végétales (Photo 19). Elle a la propriété remarquable de transférer une partie de son ADN, portée par un plasmide[101], dans le génome nucléaire de la cellule végétale, pour asservir cette dernière à ses besoins (en lui faisant produire des opines, substrats aminocarbonés que seule la bactérie peut cataboliser). Le transfert demande des fonctions de reconnaissance et de virulence (phénomène encore

---

101. Petite molécule d'ADN circulaire présente chez les bactéries, indépendante du génome principal, douée d'une autonomie de réplication.

mal connu). Pour réaliser une transgénèse artificielle, on exploite l'aptitude au transfert d'ADN de la bactérie. On utilise pour cela des plasmides désarmés, c'est à dire ayant perdu leur pouvoir d'induire une tumeur. À la place de l'ADN que la bactérie transfère normalement, on insère le gène à transférer. Ainsi, quand elle est cultivée avec un fragment d'organe ou des cellules végétales isolées, la bactérie va transférer ce gène et l'intégrer dans le génome de la plante. Une seule insertion est en général réalisée (quelquefois deux ou trois).

Dans les premiers travaux sur la transgénèse le transfert par *Agrobacterium* n'était efficace que pour les dicotylédones ; la seule limite était la possibilité de régénération d'une plante à partir de la culture *in vitro* de fragments d'organes. Des espèces comme les monocotylédones, en particulier les graminées, étaient insensibles à l'infection par *Agrobacterium* et ne pouvaient pas être transformées par cette voie. Mais, grâce à la transgénèse, la modification du génome d'*Agrobacterium* (par surexpression de certains gènes de virulence) permet maintenant d'utiliser ce vecteur chez pratiquement toutes les espèces végétales.

### Transfert direct

La méthode la plus utilisée est celle de la biolistique. Des microbilles de tungstène ou d'or sont enrobées d'ADN (gène à transférer) ; projetées à grande vitesse à travers la paroi des tissus végétaux, certaines d'entre elles pénètrent dans le noyau. Cette méthode a l'inconvénient d'introduire plus de copies du transgène que la méthode utilisant *Agrobacterium*. La présence d'une seule copie facilite en effet le transfert du transgène de la lignée transformée vers un génotype élite par la méthode des rétrocroisements ; de plus la transformation peut être définie de façon plus précise.

### Transfert ciblé d'un gène

Le transfert ciblé correspond à l'insertion du transgène en un site précis du génome, déterminé à l'avance. Ce progrès dans la technique de transgénèse n'a été possible que par la découverte d'enzymes de type endonucléases[102], les méganucléases, et par la construction d'endonucléases artificielles, nucléases à doigt de zinc[103] et TALENs[104], chez lesquelles un domaine ayant une activité nucléase est associé à un domaine de reconnaissance de séquences d'ADN. On peut regrouper sous le sigle SDN (pour *Site Directed Nucleases*) ces différentes protéines, naturelles ou artificielles. Ces SDN ont la propriété de reconnaître une séquence d'ADN de 14 à 18 paires de bases, de part et d'autre du point où ils induisent une coupure des

---

102. Enzymes coupant les liaisons entre les nucléotides, ce sont de véritables ciseaux pour couper l'ADN.

103. Nucléases dont la conformation tridimensionnelle est stabilisée par un atome de zinc ; elles reconnaissent des séquences courtes d'ADN (trois bases) mais, par combinaison de plusieurs « doigts de zinc », il est possible d'obtenir des enzymes spécifiques de séquences d'une vingtaine de bases.

104. Nucléase artificielle construite par l'assemblage d'une endonucléase « naturelle » et d'une protéine Tale (pour *Transcription Activator Like Effector*), protéine découverte chez une bactérie (du genre *Xanthomonas*), reconnaissant des séquences d'ADN (Miller *et al.*, 2011 ; Zhang *et al.*, 2011).

deux brins de la chaîne d'ADN, point qui par conséquent a toute chance d'être unique dans un génome. Au cours du processus de réparation, une séquence d'ADN peut s'insérer. L'unicité de la coupure va favoriser la recombinaison homologue, c'est-à-dire la recombinaison entre deux séquences d'ADN identiques affectant les deux brins d'ADN de part et d'autre du même site[105] (Quétier, 2011).

L'insertion d'un gène dans la chaîne d'ADN en un site de coupure précis nécessite une double recombinaison homologue grâce à la présence de chaque côté de ce site de séquences d'ADN (de 100 à 5 000 paires de bases) identiques à celles situées aux deux extrémités du gène à insérer (Figure 6.2). Cette recombinaison est favorisée par la spécificité du site d'insertion créé par la protéine SDN. Il faut donc introduire dans la cellule, en plus de la construction transgénique (transgène et ses deux séquences bordantes), un plasmide d'expression transitoire[106] portant une séquence d'ADN codant pour la protéine SDN spécifique du site. L'introduction de l'ensemble peut se faire par transfert direct, soit sur des cals embryogènes, par biolistique, soit par électroporation[107] de protoplastes. Cette technique est maintenant maîtrisée chez différentes espèces végétales.

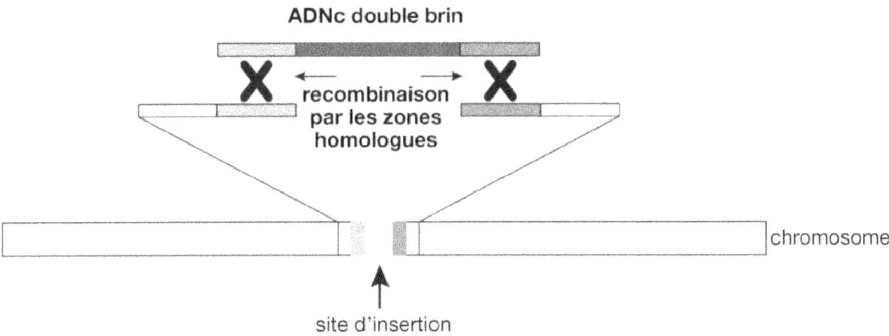


**Figure 6.2.** Principe de l'insertion d'un gène par recombinaison homologue (d'après Quétier, 2011).

Le gène à introduire (ADNc double brin) est encadré à droite et à gauche par des séquences d'ADN de 100 à 5 000 paires de bases chacune. Ces séquences sont identiques aux séquences situées de part et d'autre du site choisi pour l'insertion dans le chromosome. Sous l'action d'une protéine SDN spécifique du site (qui reconnaît le site), il se produit une cassure des deux brins d'ADN du chromosome de la plante, ce qui favorise sa réparation par double recombinaison homologue conduisant à l'insertion du gène au site désiré.

---

105. Ce phénomène de recombinaison homologue était connu chez les animaux, les bactéries (et, par voie de conséquence, dans les génomes mitochondriaux et chloroplastiques, qui ont une origine bactérienne) ainsi que chez les mousses, mais pas dans le génome nucléaire des végétaux supérieurs.
106. Plasmide qui ne s'intègre pas dans le génome et est rapidement éliminé.
107. Technique qui consiste à soumettre les protoplastes et des fibres de carbure de silicium enrobées d'ADN à un champ électrique qui conduit à la pénétration des fibres par les pores des protoplastes.

Le gène inséré peut être un nouveau gène, n'ayant pas de locus correspondant dans le génome receveur (par exemple, un gène de résistance aux insectes), mais il peut aussi s'agir d'un gène du génome receveur, qui a été extrait *in vitro* et modifié dans sa séquence des bases, ce qui revient à créer un allèle nouveau par mutation. Ce nouvel allèle est alors réintroduit, avec une grande précision, au locus d'origine de l'allèle modifié : c'est la mutagenèse dirigée. Il s'agit d'une véritable substitution d'allèles. Ce mécanisme ne laisse aucune trace moléculaire : le transfert ainsi réalisé ne peut pas être distingué d'une mutation naturelle. Cette technique est donc appelée à se substituer aux programmes de rétrocroisement, qui ont pour but de remplacer un allèle défavorable par un allèle favorable, à condition que la régénération *in vitro* de plantes à partir de cellules soit maîtrisée. Elle permet de supprimer le problème de *linkage drag* propre à ce type de programme (voir p. 69) : seul l'allèle désiré est introduit.

## Détection des plantes transformées

Pour la détection des cellules ou des plantes transformées, quelle que soit la méthode de transfert, il faut un marqueur, appelé marqueur de sélection, introduit en même temps que le gène d'intérêt. Dans les premiers événements de transformation génétique, ce marqueur était lié au transgène ; ce n'est plus le cas aujourd'hui, ce qui facilite son élimination ultérieure. Les marqueurs classiquement utilisés sont la résistance à un antibiotique, la kanamycine ou l'hygromycine, et la résistance à un herbicide (le glyphosate, par exemple). Après action *in vitro* de ces substances, seules les cellules transformées, ayant donc acquis la résistance choisie, se multiplient et on ne régénère donc que des plantes porteuses du transgène. Ces plantes sont autofécondées pour fixer le transgène à l'état homozygote. Le marqueur de sélection peut être éliminé, par différentes méthodes qui ne seront pas développées ici. Aujourd'hui, les événements de transformation génétique portant comme marqueur de sélection un gène de résistance aux antibiotiques ne sont plus acceptés par l'Union européenne.

Le résultat de la transformation génétique est alors un transgène bien défini, inséré dans un site précis du génome (par exemple, les événements Mon 810, NK 603…). Cela définit un événement de transformation génétique. Cet événement est ensuite introduit par rétrocroisements dans les variétés qui sont commercialisées. Il ne faut donc pas confondre les événements de transformation génétique et les variétés transgéniques qui portent le même événement. Avec la transgénèse ciblée, un transgène pourra être introduit directement dans une lignée élite, si celle-ci se prête à la régénération *in vitro* et si le caractère pour lequel il code n'affecte pas les autres caractères de cette lignée (voir ci-dessous).

## Site d'insertion et expression du gène

### Cas de la transgénèse non ciblée

Avec la transgénèse non ciblée, le processus d'intégration d'un transgène est encore mal connu. On sait que l'intégration n'est pas complètement aléatoire. Selon le site d'insertion, le gène peut ne pas s'exprimer de la même façon. Pour limiter ce risque, aujourd'hui, grâce au séquençage du génome de certaines espèces, on choisit les évènements de transformation génétique correspondant à des insertions dans des zones pauvres en gènes, ce qui revient à contrôler en partie le site d'insertion.

Y-a-t-il des risques de modification du fonctionnement du génome, en dehors des modifications causées par l'expression du transgène ? S'il n'est pas toujours possible de prévoir comment un gène va fonctionner dans un génome, la transgénèse ne conduit pas pour autant à la production de plantes anormales. Un maïs transgénique reste un maïs. Cependant, le gène introduit peut modifier plus qu'attendu certains caractères. Il faut donc bien étudier ces effets avant d'envisager l'utilisation d'un transgène. De ce point de vue, la transgénèse, même non ciblée, est une source de variation génétique équivalente à la mutagenèse et il faut donc étudier les caractères des plantes transgéniques, pour ne retenir que les évènements conduisant à des modifications favorables. C'est ce que font les généticiens et sélectionneurs qui font appel à cette technique. Ainsi, un évènement de transformation génétique retenu est en général passé au travers de plusieurs filtres ou années de sélection. Cette période d'évaluation des évènements permet aussi de ne retenir que ceux qui sont stables.

Pour résoudre les problèmes d'insertion et mettre tous les transgènes sur un même support, un chromosome artificiel peut être envisagé (Yu *et al.*, 2007). Un tel « chromosome » serait manipulé *in vitro* et introduit dans la plante. À la différence des animaux, les végétaux, dans leur grande majorité, supportent en effet assez bien la présence de chromosomes surnuméraires[108]. Une telle approche peut simplifier les études d'impact possible de l'insertion des transgènes sur le fonctionnement du génome. Des travaux sont actuellement en cours chez le colza.

### Cas de la transgénèse ciblée

Les problèmes d'insertion sont aujourd'hui pratiquement résolus par la maîtrise de la recombinaison homologue. Il est en effet possible d'insérer, en n'importe quel point, n'importe quel gène plus ou moins modifié ; il suffit de l'encadrer par les séquences bordantes du site d'insertion. Le lieu d'insertion peut donc être choisi *a priori*, de préférence dans une région pauvre en gènes (connue grâce au séquençage du génome) ; c'est pourquoi on parle de transgénèse ciblée. Cette technique résout en même temps le nombre d'insertions : en effet, le gène, avec les séquences bordantes choisies, ne peut être introduit qu'en un seul exemplaire dans le génome.

## La transgénèse en amélioration des plantes

### L'apport et la place de la transgénèse

Pour le sélectionneur, la technique de transgénèse présente essentiellement deux avantages. D'une part, la transgénèse est une méthode de transmission très précise, puisqu'on peut ne transférer que le gène d'intérêt alors que, par les techniques de

---

108. Des chromosomes surnuméraires naturels, appelés chromosomes B, existent d'ailleurs chez de nombreuses espèces végétales.

rétrocroisement, on transfère en même temps plusieurs dizaines, voire centaines, d'autres gènes, même en faisant appel aux marqueurs moléculaires. Cet avantage est encore plus net avec la transgénèse ciblée. D'autre part, la transgénèse peut être une source nouvelle de variabilité et c'est sans doute l'un de ses intérêts majeurs. Elle permet, par exemple :

– d'introduire des gènes de résistance, aux maladies ou aux insectes, chez les espèces où aucun gène de résistance n'était connu (exemple de la résistance aux insectes, Photo 21) ; d'une certaine façon, la transgénèse accroît les ressources génétiques utilisables par le sélectionneur ;

– de modifier la qualité des produits, là où il n'y avait pas, naturellement, de variabilité suffisante de la qualité (cas de l'huile de colza riche en acide laurique ou linolénique) ;

– de faire s'exprimer le gène dans l'organe souhaité, au moment voulu, avec plus d'intensité, ou encore de surexprimer certains gènes affectant des caractères quantitatifs et augmenter ainsi, pour ce caractère, la valeur du génotype transformé.

Actuellement, la transgénèse ne permet pas toujours un gain de temps, puisque les transgènes sont souvent introduits dans des génotypes favorables au transfert (transformables par *Agrobacterium*, ou régénérant facilement[109]) mais ne possédant pas nécessairement tous les autres caractères souhaitées par le sélectionneur ; ils doivent donc, ensuite, être introduits par rétrocroisement (assisté par marqueurs) dans les génotypes souhaités. Il y a toutefois un gain de temps lorsqu'il s'agit d'introduire des gènes d'une espèce éloignée ; par exemple, l'introduction chez le blé de la résistance au piétin verse présente chez *Aegilops,* qui a demandé une quinzaine d'années de travaux (voir p. 91), serait aujourd'hui possible par transgénèse en moins de quatre ans.

La durée de création d'un évènement transgénique et de son introduction dans du matériel amélioré est quelquefois avancée comme un inconvénient de la transgénèse, lorsqu'il s'agit de caractères qui peuvent aussi être améliorés par la voie conventionnelle, assistée par marqueurs ou non. En effet, pendant tout le temps pris pour créer, puis transférer, un transgène, le progrès génétique continue par la voie conventionnelle. Cependant, les deux méthodes ne sont pas concurrentes ; elles sont complémentaires, puisque la transgénèse apporte une variabilité génétique supplémentaire, même pour les caractères pouvant être améliorés par la voie conventionnelle. À terme, c'est donc la combinaison des deux voies qui permettra d'avoir le progrès génétique maximal. On peut penser que ce sera le cas, par exemple, de l'amélioration de la tolérance au stress hydrique. De plus, dans ce cas-là, la transgénèse présente l'avantage de pouvoir introduire des gènes qui ne seront induits qu'en cas de stress, ce qui peut diminuer l'impact négatif éventuel de ces mécanismes de tolérance.

---

109. Le facteur limitant pour une plus large utilisation de la transgénèse pour le transfert de gènes d'un génotype à un autre est la maîtrise de la régénération d'une plante à partir d'une cellule.

Alors la transgénèse marque-t-elle une rupture dans les techniques d'amélioration des espèces ? Sans doute pas plus que d'autres techniques, comme l'haplodiploïdisation ou les marqueurs moléculaires utilisés dans le cadre de la sélection génomique. C'est un outil de transfert de gènes, très efficace tant au niveau intraspécifique qu'interspécifique, mais c'est surtout un outil qui génère une nouvelle variabilité génétique. La transgénèse augmente la puissance du sélectionneur, mais elle ne remet pas en cause l'amélioration conventionnelle. Les transgènes doivent, en effet, être introduits dans des génotypes améliorés pour beaucoup d'autres caractéristiques quantitatives, non monogéniques. Pour des caractères complexes, comme la tolérance à la sécheresse ou la valorisation de la fumure azotée, la transgénèse est un moyen d'apporter une variabilité génétique supplémentaire permettant d'aller plus loin dans le niveau d'amélioration de ces caractères.

## *Exemples d'utilisation de la transgénèse en amélioration des plantes*

Au niveau mondial, en 2012, il y a 170 millions d'hectares de cultures avec des variétés transgéniques, soit plus de six fois la surface totale cultivée en France et 10 % des surfaces totales cultivées. On observe une augmentation assez régulière, avec 12 à 15 millions d'hectares de plus chaque année dans le monde. Les cultures transgéniques se sont d'abord faites principalement sur le continent américain ; elles ont gagné aujourd'hui la Chine, l'Inde et d'autres pays en développement, comme en Afrique (Burkina Faso), mais elles ne se développent toujours pas en Europe.

Les espèces concernées sont essentiellement (à 99 %) le soja, le maïs, le cotonnier et le colza (canola[110]) ; mais on observe aussi le développement de cultures transgéniques pour la pomme de terre, la betterave, le riz, la papaye, les courges, l'aubergine... Des programmes sur le blé sont très avancés (résistance aux pucerons, tolérance à la sécheresse...).

Dans les premières variétés transgéniques, dites de première génération, les caractères introduits sont essentiellement la résistance aux insectes et la tolérance aux herbicides (Photo 22), ou le cumul des deux. L'acquisition de la résistance aux maladies par transgénèse n'est encore que peu développée : on peut toutefois citer l'introduction de la résistance aux virus chez la papaye, qui a permis de sauver la production de ce fruit à Hawaii. Il apparaît maintenant une nouvelle génération de plantes transgéniques, dites de deuxième génération (présentant de nouveaux caractères et obtenues avec des outils plus performants), comprenant des plantes tolérantes au stress hydrique ou valorisant bien la fumure azotée, c'est-à-dire demandant moins d'eau et moins d'azote. Résistantes aux insectes et aux maladies, et plus économes en eau, ces plantes transgéniques pourraient alors apparaître plus clairement pour l'Europe comme un outil pour une agriculture durable, productive et respectueuse de l'environnement.

---

110. Nom donné au Canada au colza de printemps à faible teneur en acide érucique et en glucosinolates.

## Conclusion sur la transgénèse

La transgénèse est à la fois un outil générateur de nouvelle variabilité, permettant d'obtenir des caractères jusque-là inconnus dans une espèce, et un outil plus précis, facilitant l'utilisation de cette variabilité génétique. Elle apporte en particulier une nouvelle variabilité génétique pour des caractères quantitatifs, permettant d'aller plus loin dans le niveau d'amélioration de ces caractères. Les progrès encore à venir dans la maîtrise de cette technique sont tels que les généticiens et les sélectionneurs pourront sans doute introduire n'importe quel gène dans n'importe quel génotype, avec une maîtrise parfaite de l'introduction, de l'insertion et de l'expression du gène. Comme avec les études de génomique, le nombre de gènes à transférer ne devrait plus être limitant ; cela ouvre des perspectives tout à fait nouvelles pour la génétique et l'amélioration des plantes.

Compte tenu de l'absence de risques avérés pour la santé ou pour l'environnement, avec même des avantages dans certains cas, après bientôt vingt années de développement à grande échelle des plantes transgéniques, il serait difficile de comprendre, d'un point de vue scientifique, que le sélectionneur ne puisse pas l'utiliser pour la création variétale en France, et plus largement en Europe, et que les agriculteurs de ces pays ne puissent pas bénéficier des avantages que les variétés transgéniques peuvent apporter. Ce serait encore plus difficile à comprendre lorsque la technique de transgénèse ciblée se sera développée.

En effet, des modifications du génome plus importantes que celles induites par la transgénèse ont été acceptées par la société. Ainsi, chez certaines espèces, comme le blé et la tomate, nous avons vu que de nombreux gènes, essentiellement des gènes de résistance aux maladies, viennent d'espèces sauvages apparentées aux espèces cultivées. Ces gènes ont été introduits par des méthodes, longues, qui relèvent du génie génétique au sens large. Elles ont en général conduit à introduire beaucoup plus qu'un seul gène, voire tout un bras chromosomique. Il en est résulté de nombreux changements génétiques, mais le sélectionneur en a tiré des lignées de bonne valeur agronomique. Il s'agissait clairement de transgénèse avant la lettre. Aujourd'hui tout le monde consomme du pain et des tomates issus de variétés ayant reçu des gènes d'espèces sauvages. Aucun problème sanitaire particulier n'a été observé avec ces variétés… Pourquoi y aurait-il un problème avec les variétés transgéniques d'aujourd'hui, qui modifient beaucoup moins le génome ?

Aujourd'hui, la mutagénèse dirigée et la transgénèse ciblée permettent de réaliser plus rapidement et plus précisément ce que le sélectionneur a fait ou voulu faire depuis longtemps, réunir dans un même génotype des allèles favorables venant de l'espèce améliorée où d'espèces plus ou moins éloignées.

# Conclusion générale

Les différentes méthodes et outils de l'amélioration génétique des plantes présentés dans cet ouvrage montrent bien que, fondamentalement, l'amélioration des plantes est, et a toujours été, du génie génétique au sens large[111]. En effet, le sélectionneur, à l'aide des différents outils que nous avons vus, modifie les informations génétiques portées par les plantes cultivées, pour augmenter les qualités de celles-ci et faire en sorte qu'elles répondent de mieux en mieux aux besoins de l'agriculteur et des utilisateurs. De façon simplifiée, il s'agit de réunir dans un même génotype le maximum d'allèles favorables. Au fur et à mesure du progrès dans les connaissances, la panoplie des outils à la disposition du sélectionneur s'est enrichie. On peut constater qu'il y a eu une évolution remarquable de ces outils permettant au sélectionneur de mieux apprécier la variation génétique et de mieux l'utiliser dans un intervalle de temps plus court, voire même d'en créer une nouvelle. En fait, avec le progrès des connaissances, l'évolution des outils a été telle qu'ils permettent d'agir à des niveaux de plus en plus fins, de la population jusqu'au gène, en passant par l'individu, la cellule et les génomes nucléaire et cytoplasmique (Figure 7.1).

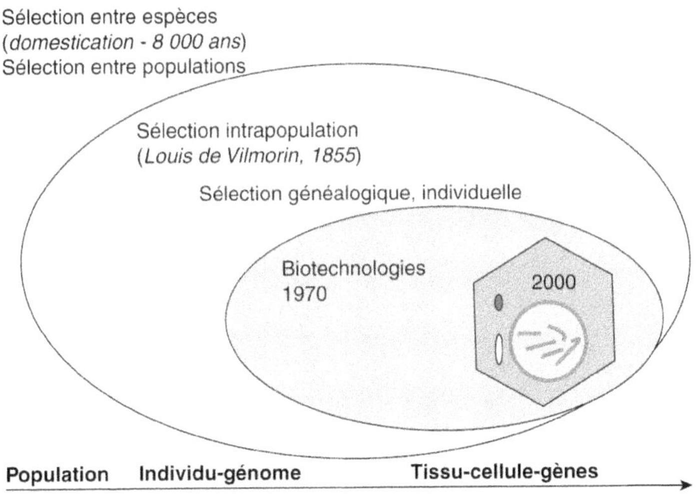


**Figure 7.1.** Évolution des niveaux d'action du sélectionneur en amélioration des plantes.

---

111. Le sens restreint de génie génétique correspondant à la transgénèse.

Avec les conséquences des études de génomique, l'identification de gènes et l'utilisation de marqueurs de ces gènes, la création de variétés devient de plus en plus dirigée, avec de moins en moins d'aléas : suppression plus ou moins importante de l'aléa dû au milieu pour les caractères quantitatifs, contrôle de la recombinaison entre gènes, introduction dirigée de gènes... Autrefois aveugle, empirique et très statistique, la sélection devient de plus en plus dirigée, évoluant vers une véritable construction de génotypes. L'introduction de la mutagenèse dirigée et de la transgénèse ciblée dans cette démarche ne fait qu'accentuer cette évolution de la sélection. Avec ces deux derniers outils, les biotechnologies peuvent apporter une variabilité génétique nouvelle, et donc la possibilité d'obtenir des variétés avec des caractères complètement nouveaux, importants pour une agriculture durable.

Cependant, il n'y a pas de remise en cause des schémas établis il y a maintenant plus d'un siècle, pour la sélection de lignées chez les autogames, ou bientôt un siècle, pour la sélection des hybrides à grande échelle. Tous les outils issus des biotechnologies sont toujours à situer dans une stratégie générale d'amélioration du matériel végétal et de création de variétés, qui ne change pas vraiment. Ainsi, il y a un passage continu entre les techniques utilisées « traditionnellement », ne faisant appel qu'à la reproduction sexuée, et celles dérivées de la biologie moléculaire. Tous les outils présentés sont complémentaires les uns des autres et c'est leur combinaison optimale avec la sélection conventionnelle qui permettra d'avoir le progrès génétique maximal par unité de temps, et une réponse plus rapide aux demandes des utilisateurs de variétés, en particulier pour les besoins d'une agriculture durable. Des progrès importants sont possibles par l'utilisation de tous ces outils.

Les biotechnologies ont ouvert une ère nouvelle pour l'amélioration des plantes. La période où s'est déroulée la domestication peut être considérée comme une ère de pré-amélioration des plantes. La sélection phénotypique organisée, à partir de la seconde moitié du XIX$^e$ siècle, a été la première étape de l'amélioration dirigée des plantes, qui a duré jusqu'à nos jours et durera sans doute encore longtemps. Mais, aujourd'hui, avec le développement des outils issus de la génomique, des marqueurs moléculaires, de la mutagenèse dirigée et de la transgénèse ciblée, c'est bien l'ère de la sélection génotypique, ou génomique, qui s'ouvre. Cela correspond à un véritable changement de paradigme de la sélection et de la création de variétés en amélioration des plantes.

## Quelques notions de génétique et d'amélioration des plantes pour mieux comprendre

*Le but de cette annexe est d'introduire, de façon concise, le vocabulaire et les concepts couramment utilisés par le généticien et le sélectionneur de plantes. Les définitions des principaux termes sont également reprises dans le glossaire, à la fin de l'ouvrage.*

## Notions de génétique

### Les constituants cellulaires et leur rôle

Les organismes vivants, animaux ou végétaux, sont constitués de millions de cellules, véritables briques élémentaires qui constituent leurs tissus et organes. Chaque cellule renferme un **noyau** et d'autres **organites**, nombreux, dont les **mitochondries** et les plastes (ces derniers étant spécifiques aux plantes). Les mitochondries jouent un rôle essentiel dans la respiration et, chez les plantes, des plastes importants, appelés **chloroplastes**, sont le siège de l'activité photosynthétique. Dans le noyau et dans chacun de ces organites se trouve de l'ADN (acide désoxyribonucléique), support des informations pour le « pilotage » du fonctionnement des cellules et le déterminisme des caractères.

L'ADN du noyau est organisé en unités indépendantes appelées **chromosomes**. Chez les espèces **diploïdes,** ou à fonctionnement diploïde, les chromosomes sont eux-mêmes organisés en paires indépendantes dont le nombre est caractéristique d'une espèce ou d'un groupe d'espèces apparentées. Les chromosomes d'une paire sont dits **homologues**, car ils ont la même structure, avec la même séquence de gènes ; pour chaque paire, l'un des chromosomes vient du parent mâle, l'autre vient du parent femelle. Pour le passage d'une génération à une autre, à l'issue d'un processus de division cellulaire particulier (la **méiose**), il se forme des cellules reproductrices, les **gamètes**, qui ne contiennent qu'un chromosome de chaque paire : elles sont dites **haploïdes**. Chaque chromosome d'un gamète résulte en fait de **recombinaisons** (**crossing-overs**) à la méiose entre les deux chromosomes homologues d'une paire[112]. Chez les plantes, le gamète mâle correspond à une cellule haploïde issue du pollen et le gamète femelle à une cellule haploïde contenue dans l'ovule. À la fécondation, la fusion d'un gamète mâle et d'un gamète femelle, tous les deux haploïdes, donne alors une nouvelle cellule diploïde, la cellule œuf, avec le nombre total de chromosomes de l'espèce. Cette cellule, après de nombreuses divisions appelées mitoses, aboutit à un organisme constitué de différents organes, dont les cellules spécialisées dans leur fonction ont toutes la même information nucléaire.

L'ADN des mitochondries et des chloroplastes est organisé en un seul chromosome, avec un grand nombre de copies par cellule et moins d'information génétique que celui du noyau. Sa transmission à la descendance est en général maternelle, avec des exceptions (chez les Gymnospermes, par exemple).

## Gènes et allèles

Un gène est une séquence d'ADN qui contient l'information génétique codant pour la synthèse d'ARN (acide ribonucléique). Cet ARN peut ensuite être traduit en une protéine, déterminant une fonction ou un caractère, mais ce n'est pas toujours le cas. On distingue deux types de gènes : les gènes de structure, qui codent pour des protéines, et les gènes de régulation, qui contrôlent l'expression des gènes de structure *via* des protéines ou des ARN. Cependant, des gènes de structure peuvent aussi être des gènes de régulation. Chaque gène occupe une position précise, ou **locus**, sur un chromosome. Pour une espèce donnée, tous les individus ont les mêmes gènes, c'est-à-dire le même ensemble de fonctions, mais pour un gène donné, l'information génétique peut varier plus ou moins d'un individu à l'autre. Ainsi, au sein d'une espèce où le caractère « couleur de fleur » (blanche ou rouge) serait contrôlé par un seul gène, selon les plantes considérées, c'est l'information « couleur blanche » ou, au contraire, l'information « couleur rouge » qui sera présente. Ces variantes de l'information pour une fonction donnée, à un locus donné, sont appelées des **allèles**. Si dans un ensemble de génotypes étudiés (population) il y a à un locus plusieurs allèles, on dit qu'il est polymorphe. C'est la diversité des allèles qui est à la base de la variabilité génétique utilisée en sélection.

## Génotype, homozygotie et hétérozygotie

Un génotype est l'arrangement des allèles d'un individu à un ensemble de locus, en tenant compte de leur liaison. Par extension, dans une population de grande taille se reproduisant en fécondation croisée, avec un grand nombre de locus polymorphes, le génotype est souvent assimilé à l'individu. En effet, dans cette situation, compte tenu du très grand nombre de génotypes possibles, deux individus, même proches parents (comme des frères et des sœurs), ne peuvent pas avoir le même génotype sur l'ensemble du génome.

---

112. En fait, il s'agit de recombinaisons entre les chromatides. Ces dernières résultent de la duplication des chromosomes ; elles restent liées par une région, le centromère, pendant la première partie de la méiose et se séparent, par fissuration du centromère, dans la deuxième partie de la méiose qui conduit aux cellules haploïdes.

À un locus donné, chez une espèce diploïde, si les deux gènes représentent la même information génétique (le même allèle), le génotype est dit **homozygote** ; si les deux informations sont différentes, donc s'il y a deux allèles, le génotype est dit **hétérozygote**.

## Notion de dominance et de récessivité

Chez un génotype hétérozygote, si l'effet de l'un des allèles masque l'effet de l'autre allèle, on parle de dominance. L'allèle dont l'effet est masqué est dit **récessif** ; l'autre allèle est dit **dominant**. Si les effets des deux allèles sont observables, on parle de **codominance**.

## Le passage du gène au caractère

Un gène code généralement pour une protéine (certains gènes de régulation ne codent que pour des ARN). Ce codage est formé par la succession des quatre désoxyribonucléotides constitués chacun d'une base organique azotée (A pour Adénine, T pour Thymine, C pour Cytosine, G pour Guanine) associée à un sucre pentose (le désoxyribose) et à l'acide phosphorique. Ces désoxyribonucléotides constituent un alphabet à quatre lettres qui forment des mots de trois lettres. Ainsi, de façon simplifiée, un triplet de nucléotides code pour l'un des acides aminés possibles, les constituants élémentaires des protéines. Ce code est universel, de la bactérie à l'éléphant ou des micro-organismes à l'Homme. La lecture de la séquence d'ADN, appelée **transcription**, se fait par une enzyme qui transcrit l'information sous forme d'une chaîne d'acide ribonucléique, l'ARN messager ou ARNm. La chaîne d'ARN est formée par la séquence correspondante des ribonucléotides de l'ADN, l'uracyle (U) remplaçant la thymine (T). Après maturation, c'est-à-dire élimination des zones non codantes, les ARNm migrent dans le cytoplasme où ils vont être traduits en une séquence d'acides aminés formant le polypeptide puis la protéine codée par le gène, par l'intermédiaire d'une machinerie nucléoprotéique, les ribosomes : c'est le processus de **traduction**. Les protéines acquièrent ensuite leurs structures secondaire et tertiaire, par plusieurs repliements qui leur confèrent une structure tridimensionnelle. Elles peuvent aussi subir des modifications appelées modifications post-traductionnelles.

# Notions de génétique des populations

## Population

Dans cet ouvrage, une population est définie comme un ensemble d'individus qui se reproduisent entre eux.

## Fréquence d'un génotype

Dans une population, la fréquence d'un génotype est le pourcentage d'individus ayant le génotype considéré. Par exemple, dans une population se reproduisant en fécondation croisée, considérons les génotypes réduits à un locus, avec deux

allèles $A$ et $a$ ; si $N_1$, $N_2$, $N_3$ représentent les effectifs respectifs des trois génotypes possibles $AA$, $Aa$ et $aa$, alors :
— la fréquence de $AA$ est $P = N_1/N$, avec $N = N_1 + N_2 + N_3$
— la fréquence de $Aa$ est $Q = N_2/N$
— la fréquence de $aa$ est $R = N_3/N$

## Fréquence d'un allèle

Dans une population, à un locus donné, la fréquence d'un allèle s'exprime par le rapport du nombre de copies de cet allèle au nombre total d'emplacements possibles (soit deux fois le nombre d'individus, pour une espèce diploïde). Ainsi, dans une population de N individus avec trois génotypes $AA$, $Aa$ et $aa$, d'effectifs respectifs $N_1$, $N_2$ et $N_3$, si $P$ est la fréquence de $AA$, $Q$ celle de $Aa$ et $R$ celle de $aa$, la fréquence $p$ de l'allèle $A$ et la fréquence $q$ de l'allèle $a$ peuvent alors s'écrire de différentes façons :

$$p = (2N_1 + N_2)/2N \text{ ou } p = (N_1 + N_2/2)/N \text{ ou } p = P + Q/2$$
$$q = (2N_3 + N_2)/2N \text{ ou } p = (N_3 + N_2/2)/N \text{ ou } q = R + Q/2$$

## Structure d'une population panmictique

La **panmixie** est un système de reproduction dans lequel les gamètes mâles et les gamètes femelles des individus d'une population s'unissent au hasard. Nous ne considérons dans cet ouvrage que le cas des populations idéales de grande taille, sans chevauchement de générations. Soit une telle population avec, à un locus, trois génotypes $AA$, $Aa$ et $aa$, de fréquence respective $P$, $Q$ et $R$ ; soit $p$ la fréquence des gamètes portant $A$ et $q$ la fréquence des gamètes portant $a$ (avec $p + q = 1$). En l'absence de sélection au niveau zygotique et gamétique et sans migration, si les gamètes mâles et femelles s'unissent au hasard pour former les zygotes de la génération suivante, il en résulte la composition génotypique suivante au locus considéré (Tableau A1) :
— fréquence de $AA = P = p^2$
— fréquence de $Aa = Q = 2\,pq$
— fréquence de $aa = R = q^2$

**Tableau A1.** Détermination de la composition génotypique, à un locus, d'une population panmictique.

| Génotype du gamète femelle (fréquence) | Génotype du gamète mâle (fréquence) | |
|---|---|---|
| | $A(p)$ | $a(q)$ |
| $A(p)$ | $AA(p^2)$ | $Aa(pq)$ |
| $a(q)$ | $aA(qp)$ | $aa(q^2)$ |

$A$ et $a$ représentent les deux allèles présents au locus, $p$ et $q$ représentent leurs fréquences respectives. Le raisonnement s'étend facilement à plus de deux allèles.

À condition que la population soit de grande taille, qu'il n'y ait pas de chevauchement des générations, pas de mutation ni de migration, et pas de sélection, ni zygotique, ni gamétique, la fréquence des allèles ainsi que la composition génotypique de la population sont conservées d'une génération à l'autre, dès la première génération de reproduction (loi de Hardy-Weinberg).

## Notions de génétique quantitative

### Valeur phénotypique et valeur génotypique

Le **phénotype** d'un génotype (ou d'un individu) correspond à ce qui est vu, observé ou mesuré sur ce génotype (ou cet individu), dans les conditions de milieu où il se trouve et à un niveau d'observation donné. Pour un caractère donné, la valeur phénotypique représente l'état (pour un caractère qualitatif) ou la mesure (pour un caractère quantitatif) de ce caractère de l'individu dans un milieu donné. Elle est le résultat des effets des gènes et du milieu. Pour un caractère quantitatif, la valeur d'un génotype est une valeur théorique (abstraite) qui peut être considérée comme la valeur moyenne d'un grand nombre de répétitions de ce génotype.

### La détection de QTL

Avec les outils de la biologie moléculaire, de nombreuses étiquettes peuvent être détectées sur le génome ; chacune de ces étiquettes, appelées **marqueurs moléculaires**, ségrège comme un gène. Dans les populations où la liaison entre gènes ne peut exister que s'ils sont assez proches sur un même chromosome[113], l'étude de la liaison entre les marqueurs conduit à l'établissement des **cartes génétiques** (position des marqueurs sur les chromosomes en fonction des distances génétiques). Dans ces mêmes populations, la liaison entre un marqueur moléculaire et un locus impliqué dans la variation d'un caractère quantitatif (**QTL** = *quantitative trait loci*) permet de détecter la présence de QTL. Par exemple, dans une population de lignées recombinantes, avec un marqueur moléculaire ayant deux allèles $M_1$ et $M_2$, il est possible de distinguer deux types de plantes selon leur génotype au locus marqueur (des plantes $M_1M_1$ et $M_2M_2$). À partir des mesures de chaque plante, les moyennes de ces deux types de plantes peuvent être estimées (Figure A.1). Dans le cas d'absence de QTL au voisinage du marqueur, ces deux moyennes doivent être égales, aux effets d'échantillonnage près. Si elles sont statistiquement différentes, cela signifie qu'au voisinage du locus marqueur il existe un QTL affectant la variation du caractère. Des méthodes statistiques sophistiquées permettent alors de situer le QTL sur la carte génétique (cartographie des marqueurs par chromosome). De plus, pour un QTL lié au marqueur, avec deux allèles $Q_1$ et $Q_2$ ($Q_1$ lié à $M_1$ et $Q_2$ lié à $M_2$), les

---

113. Il en est ainsi pour les populations dérivées du croisement entre deux lignées pures ($F_2$, $F_3$ et générations suivantes), les lignées recombinantes (ensemble de lignées dérivées sans sélection à partir d'une $F_1$) ainsi que pour les populations issues de rétrocroisement.

valeurs des génotypes $Q_1Q_1$ et $Q_2Q_2$ peuvent être estimées. La démarche s'applique aussi aux populations en ségrégation de type $F_2$, $F_3$... ; il y a alors trois types de plantes à considérer selon le génotype au locus marqueur, $M_1M_1$, $M_1M_2$ et $M_2M_2$, et trois moyennes à comparer. L'estimation des valeurs des génotypes au QTL lié permet alors d'avoir accès à la demi-différence entre les deux homozygotes ($a$), à la dominance biologique ($d$) et au degré de dominance (rapport $d/a$).

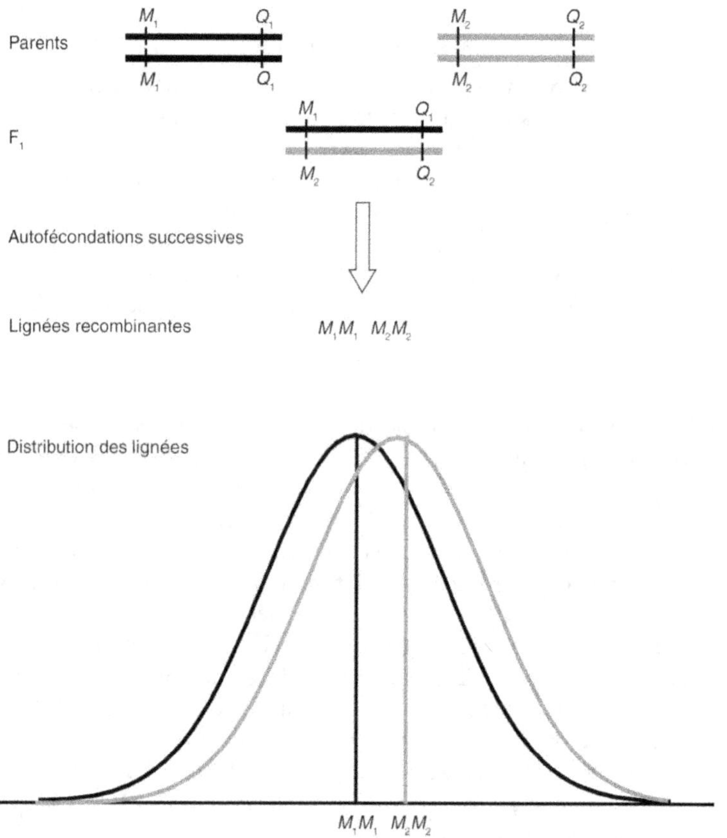


**Figure A1.** Principe de la détection de QTL dans une population de lignées recombinantes.

À un locus polymorphe il n'y a que deux génotypes $Q_1Q_1$ et $Q_2Q_2$. Supposons un locus marqueur avec les allèles $M_1$ et $M_2$, $M_1$ étant très lié au gène $Q_1$ et $M_2$ lié à $Q_2$. Sur la base des génotypes au niveau du locus marqueur, les lignées recombinantes peuvent être classées en deux groupes, $M_1M_1$ et $M_2M_2$. Les lignées ayant été évaluées pour un ou plusieurs caractères quantitatifs, les moyennes des deux groupes peuvent être calculées pour chaque caractère. Si les moyennes de ces deux groupes sont différentes, cela signifie qu'au voisinage du locus marqueur il existe un locus affectant le caractère quantitatif.

## Systèmes de reproduction chez les plantes

Les plantes peuvent être à reproduction sexuée, par graines (par exemple, les céréales) et/ou à multiplication végétative (par exemple, la pomme de terre). Selon le type de reproduction sexuée, on distingue les espèces autogames et les espèces allogames.

Chez les espèces **autogames**, la dispersion du pollen est très faible ; le pollen d'une fleur se dépose sur les stigmates d'une fleur portée par la même plante et le plus souvent d'ailleurs sur les stigmates de cette même fleur (cas du blé, de l'orge, de la tomate, du pois...). On parle alors d'autofécondation. La fécondation peut même avoir lieu avant l'ouverture de la fleur ; dans ce cas, les plantes sont dites cléistogames. Toutefois, l'autogamie stricte est assez rare ; il y a souvent chez les plantes dites autogames un résidu d'allogamie (de l'ordre de 5 % chez le blé) qui peut d'ailleurs varier selon le milieu.

Chez les espèces **allogames**, la dispersion du pollen est importante et le pollen d'une plante féconde le plus souvent d'autres plantes : la fécondation est dite croisée ; on parle d'allofécondation. Différents mécanismes peuvent favoriser cette fécondation croisée :
– la séparation des sexes sur des fleurs différentes d'une même plante (c'est la monoécie, pratiquée, par exemple, par le maïs, le ricin...) ;
– la séparation des sexes sur des plantes différentes (cas de dioécie, chez l'asperge, le chanvre...) ;
– l'auto-incompatibilité (notamment l'auto-incompatibilité dite gamétophytique, caractère souvent contrôlé par un seul gène, qui fait que le pollen ne peut pas germer sur un stigmate d'une plante portant le même gène) ;
– la compétition pollinique (le pollen issu d'une autre plante est souvent favorisé par rapport au pollen provenant de la même plante chez une espèce allogame) ;
– la nécessité de l'intervention des insectes pour la pollinisation (cas de certaines légumineuses comme la luzerne).

D'une façon plus générale, chez les plantes allogames, le pollen peut être transporté par le vent (les plantes sont dites anémophiles) ou par les insectes (les plantes sont dites entomomophiles).

Il existe aussi des espèces qui ont un système de reproduction intermédiaire, mi-autogame, mi-allogame. Ces espèces ne présentent aucun des mécanismes qui favoriseraient les uns, l'allogamie, les autres, l'autogamie. C'est le cas du colza, qui a un taux de reproduction en allogamie d'environ 65 %, et donc un taux de reproduction en autogamie d'environ 35 %.

## Le phénomène d'hétérosis

Lorsque l'on croise deux individus ou lignées d'une même espèce, on peut souvent constater de l'hétérosis au niveau de caractères quantitatifs, c'est-à-dire la supériorité de la descendance obtenue ($F_1$) par rapport au meilleur parent. C'est un phénomène assez général chez les organismes vivants, de la levure à l'Homme, en passant par les plantes et les animaux, observé surtout pour des caractères génétiquement complexes. Pour de tels caractères, l'hétérosis est en moyenne d'autant plus fort que les individus croisés sont plus distants génétiquement. Il a pour corollaire la perte de vigueur, ou **dépression de consanguinité**, constatée après un croisement entre individus apparentés. Chez les plantes, l'hétérosis est assez fortement lié au système de reproduction ; il est beaucoup plus important chez les plantes allogames que chez les plantes autogames.

Deux grands mécanismes relevant de la complémentation des apports génétiques peuvent l'expliquer (Gallais, 2009) : la complémentation entre allèles, ou superdominance, et la complémentation entre locus pour des gènes dominants favorables.

## Le mécanisme de la superdominance

À un locus, la superdominance correspond à la supériorité de l'hétérozygote par rapport au meilleur homozygote :

$$Aa > AA \text{ ou } aa.$$

Elle est le résultat de la complémentation entre deux allèles.

Il n'y a toutefois que peu de résultats expérimentaux montrant son existence. Elle existe seulement à certains locus et dans certaines conditions.

## Le mécanisme de la dominance des gènes favorables

Dans l'hypothèse de la dominance des gènes favorables, l'hétérosis est le résultat de la complémentation des apports génétiques des parents en gènes dominants favorables. Par exemple, avec les allèles $A$ et $a$ à un locus et $B$ et $b$ à un autre locus, en croisant deux parents complémentaires $AAbb$ et $aaBB$ on obtient le double hétérozygote $AaBb$, qui est supérieur aux parents $AAbb$ et $aaBB$. Ainsi, en donnant une valeur à chaque génotype, à chaque locus, avec, pour simplifier, $AA = Aa = BB = Bb = 4$ et $aa = bb = 2$, s'il y a additivité des effets des locus, la valeur des parents est 6 et la valeur de la $F_1$ est 8.

Ce mécanisme apparaît très fréquent. Il explique la grande différence entre les plantes autogames et les plantes allogames. Les populations naturelles de plantes allogames accumulent à l'état hétérozygote des mutations récessives très défavorables, qui forment ce que l'on appelle le **fardeau génétique**. La consanguinité fait apparaître ces mutations à l'état homozygote, qui peuvent être très défavorables (par exemple, une mutation affectant la fonction chlorophyllienne empêche l'expression de nombreux autres gènes). Les lignées chez les plantes allogames vont être porteuses de tels allèles et sont très « déprimées ». Le croisement de lignées non apparentées va masquer ces allèles défavorables, ce qui conduit à une restauration de la vigueur, et donc à un hétérosis. Au contraire, chez les populations de plantes autogames, la sélection naturelle tend à éliminer les mutations défavorables dès qu'elles apparaissent à l'état homozygote. Elles ne peuvent donc se maintenir qu'à une très faible fréquence dans les populations. Il en résulte qu'en croisant deux lignées prises au hasard, il y a très peu de chance d'avoir une complémentation, d'où un hétérosis plus faible.

## Pseudosuperdominance

Dans l'exemple précédent pris pour illustrer le mécanisme de la dominance, s'il y a une liaison très forte entre les deux locus, alors la recombinaison entre les deux locus est très faible et les associations parentales des gènes non allèles, *Ab* et *aB*, se comportent comme des allèles manifestant de la superdominance. C'est cette situation qui est appelée pseudo-superdominance.

## Hétérosis infixable et hétérosis fixable

Avec le mécanisme de la superdominance, il est impossible d'obtenir un homozygote aussi performant que l'hétérozygote (le meilleur génotype devra être hétérozygote pour le ou les locus manifestant de la superdominance) : l'hétérosis est dit infixable.

Au contraire, avec le mécanisme de la dominance, il est en théorie possible d'obtenir un génotype homozygote de même valeur que la $F_1$, puisque, par exemple, à deux locus, *AABB = AaBb*. L'hétérosis est alors dit fixable. Cependant, dès que le nombre de locus en cause augmente, la probabilité de fixation devient vite très faible. Ainsi, en pratique, pour un caractère complexe, quels que soient les mécanismes en cause, dominance ou superdominance, l'hétérosis apparaît comme infixable.

Pour plus de détails sur l'hétérosis et la dépression de consanguinité, les résultats expérimentaux, les mécanismes d'explication et les résultats en faveur de l'un et l'autre des mécanismes, nous invitons le lecteur à consulter notre ouvrage *Hétérosis et variétés hybrides en amélioration des plantes* (2009).

# Références bibliographiques

*Ne figurent ici qu'un nombre limité de références, surtout relatives aux chapitres 3, 4 et 6. Pour des références plus complètes sur les méthodes de sélection (chapitres 2 et 5), voir les ouvrages de A. Gallais (1989, 2009, 2011) et pour la transgénèse et ses applications, voir l'ouvrage de A. Gallais et A. Ricroch (2006).*

Ahloowalia B.S., Maluszynski M., K., Nichterlein, 2004. Global impact of mutation-derived varieties. *Euphytica*, 135, 187-204.

Belliard G., Leclercq P., Pelletier G., 1981. Hybridation interspécifique et amélioration des plantes. IV. Formes dérivées de transfert ou d'addition de cytoplasmes. *Comptes Rendus de l'Académie d'Agriculture* de *France*, 12, 1041-1051.

Bernardo R., Yu J., 2007. Prospects for genome wide selection for quantitative traits in maize. *Crop Science*, 47, 1082-1090.

Blakeslee A.F., Avery A.G., Cartledge J.L., 1938. Induction of polyploid in *Datura* and other plants by treatment with colchicine. *Genetics*, 23, 140-141.

Blanc G., Charcosset A., Veyrieras J.B, Gallais A., Moreau L., 2008. Marker-assisted selection efficiency in multiple connected populations: a simulation study based on experimental results. *Euphytica*, 161, 71-84.

Bordes J., 2006. Création de lignées haploïdes doublées de maïs par gynogenèse induite *in situ* : amélioration de la méthode et intégration dans les schémas de sélection. Thèse Université Blaise Pascal Clermont-Ferrand II, 13 avril 2006, 132 p.

Boulaine J., 1992. *Histoire de l'agronomie en France*, Tec-Doc Lavoisier, Paris, 392 p.

Boynton J.E., Gillham N.W., Harris E.H., Hosler J.P., Johnson A.M., Jones A.R., Randolph-Anderson B.L., Robertson D., Klein T.M., Shark K.B., Sanford J.C., 1988. Chloroplast transformation in *Chlamydomonas* with high-velocity microprojectiles. *Science*, 240, 1534-1538.

Cadic A., 2012. Mutations, mutagenèse et amélioration des plantes. Colloque de l'Association française des biotechnologies végétales, 4 octobre 2012, Paris.

Charrier A., Bernard M., 1981. Hybridation interspécifique et amélioration des plantes. III. Amphiploïdes et formes introgressives. *Comptes Rendus de l'Académie d'Agriculture de France*, 12, 1025-1040.

Choo T.M., Park S.J., 1982. Comparison of frequency distributions of double haploid and single seed descent lines in barley. *Theoretical and Applied Genetics*, 61, 215-218.

Ciclitira P.J., Hunter J.O., Lennox E.S., 1980. Clinical testing of bread made from nullisomic 6A wheats in coeliac patients. *The Lancet*, 316, 234-236.

Clergeau M., Laterrot H., Pitrat M., 1979. Création de variétés résistantes aux maladies chez les plantes maraîchères. *Bulletin Technique d'Information*, 337, 101-114.

Corriols L., Doré C., 1988. Use of rank indexing for comparative evaluation of all-male and other hybrid types in *Asparagus*. *Journal of the American Society for Horticultural Science*, 114, 328-332.

Dambier D. H., Benyahia G., Pensabene-Bellavia Y., Aka Kaçar Y., Froelicher Z., Belfalah B., Lhou N., Handaji B., Printz R., Morillon T., Yesiloglu L., Navarro P., Ollitrault P., 2011. Somatic hybridization for citrus rootstock breeding: an effective tool to solve some important issues of the Mediterranean citrus industry. *Plant Cells Report*, 30, 883-900.

Deshayes A., Cornu A., 1980. La mutagénèse expérimentale chez les végétaux supérieurs : devenir de la cellule mutée et nature des événements génétiques induits. *In : La multiplication végétative des plantes supérieures* (R. Chaussat, C. Bigot, eds), Gauthier-Villars, 233-258.

de Vilmorin L., 1856. Note sur la création d'une nouvelle race de betterave à sucre. Considérations sur l'hérédité des végétaux. *Comptes Rendus de l'Académie des Sciences*, XLIII 18, 871-874.

Doré C., Varoquaux F., 2006. *Histoire et amélioration de cinquante plantes cultivées*, Inra Éditions, Versailles, 812 p.

Doyle G.G., 1979. The allotetraploidization of maize. Part 1: The physical basis – differential pairing ability. *Theoretical and Applied Genetics*, 54, 103-112.

Doyle G.G., 1982. The allotetraploidization of maize. Part 3. Gene segregation in trisomic heterozygotes. *Theoretical and Applied Genetics*, 61, 81-89.

Dudley J.W., 2007. From means to QTLs: the Illinois long-term experiment as a case study in quantitative genetics. *Crop Science*, 47, S20-S31.

Dudley J.W., Lambert R.J., 2004. 100 generations of selection for oil and protein in maize. *Plant Breeding Reviews,* 24 (Part I), 79-110.

Gallais A., 1989. *Théorie de la sélection en amélioration des plantes*, Éditions. Masson, Paris, 588 p.

Gallais A., 2000. Évolution des outils de l'amélioration des plantes : de la sélection généalogique à la transgénèse. *Comptes Rendus de l'Académie d'Agriculture de France*, 86, 13-26.

Gallais A., 2003. *Quantitative Genetics and Breeding Methods in Autopolyploid Plants*, Éditions Inra, Paris, 515 p.

Gallais A., 2009. *Hétérosis et variétés hybrides en amélioration des plantes*, Éditions Quae, Versailles, 356 p.

Gallais A., 2011. *Méthodes de création de variétés en amélioration des plantes*, Éditions Quae, Versailles, 280 p.

Gallais A., Ricroch A., 2006. *Plantes transgéniques : faits et enjeux*, Éditions Quae, Inra, Versailles, 284 p.

Gavaudan P., Gavaudan N., 1938. Mécanisme d'action de la colchicine sur la caryocinèse des végétaux. *C. R. Soc. Biol.* 128, 714-716.

Gillet M., Gallais A., 1985. Can "doubling depression" throw some light on the heterosis process? *Agronomie*, 5, 665-666.

Greene E.A., Codomo C.A., Taylor N.E., Henikoff, J.G., Till B.J., Reynolds S.H., Enns L.C., Burtner C., Johnson J.E., Odden A.R., Comai L., Henikoff S., 2003. Spectrum of chemically induced mutations from a large-scale reverse-genetic screen in *Arabidopsis*. *Genetics*, 164, 731-740.

Greplova M., Polzerova H., Vlastnikova H., 2008. Electrofusion of protoplasts from *Solanum tuberosum*, *S. bulbocastanum* and *S. pinnatisectum*. *Acta Physiologiae Plantarum*, 30, 787-796.

Hallauer A.R., Miranda J.B., 1987. *Quantitative Genetics in Maize Breeding*, The Iowa State University Press, 3rd edition, 468 p.

Harlan J.R., 1975. *Crops and Man*. American Society of Agronomy, CSSA, Madison, Wisconsin, 295 p.

Harlan J.R., de Wet J.M.J., 1971. Toward a rational classification of cultivated plants. *Taxon*, 20, 509-517.

Heffner E.L., Lorenz A.J., Jannink, J.L., Sorrells M.E., 2010. Plant breeding with genomic selection: gain per unit time and cost. *Crop Science*, 50, 1681-1690.

Hospital F., Charcosset A., 1997. Marker-assisted introgression of quantitative trait loci. *Genetics*, 147, 1469-1485.

Huyghe C., 1987. La polyembryonie haploïde-diploïde chez le lin (*Linum usitatissimum* L.). Etude cytologique et physiologique. *Agronomie* 7, 567-573.

IAEA (*International Atomic Energy Agency*), 2012. Plant Breeding and Genetics. http://www-naweb.iaea.org/nafa/pbg/index.html (consulté le 21 novembre 2012).

Jacquemard J.C., Baudouin L., Noiret J.M., 1997. Le palmier à huile. *In*: *L'amélioration des plantes tropicales* (A. Charrier, M. Jacquot, S. Hamon, D. Nicolas, eds), Éditions Cirad et Orstom, 507-532.

Jahier J., 1982. Utilisation d'hybrides interspécifiques dans l'amélioration du blé – Perspectives. *Le Sélectionneur Français*, 30, 5-12.

Jannink J.L., Lorenz A.J., Iwata H., 2011. Genomic selection in plant breeding : from theory to practice. *Briefings in Functional Genomics*, 9, 166-177.

Johnston S.A., Anziano P.Q., Shark K., Sanford J.C., Butow R.A., 1988. Mitochondrial transformation in yeast by bombardment with microprojectiles. *Science*, 240, 1538-1541.

Kermicle J.L., 1969. Androgenesis conditioned by a mutation in maize. *Science*, 166, 1422-1424.

Klimaszewska K., Trontin J.F., Becwar M.R., Devillard C., Park Y.S., Lelu-Walter M-A, 2007. Recent Progress in Somatic Embryogenesis of Four *Pinus* spp. *Tree and Forestry Science and Technology*, 1, 11-25.

Lande R., Thompson R., 1990. Efficiency of marker-assisted selection in the improvement of quantitative traits. *Genetics*, 124, 743-756.

Leclercq P., 1966. Une stérilité mâle utilisable pour la production d'hybrides simples de tournesol. *Annales de l'Amélioration des Plantes*, 16, 135-144.

Lerceteau-Köhler E., Moing A., Guérin G., Renaud C., Parisy V., Courlit S., Roudeillac P., Laigret F., Denoyes-Rothan B., 2002. Genome Mapping and QTL Analysis in Octoploid Strawberry (*Fragaria* × *ananassa*). *Plant, Animal & Microbe Genomes X Conference*, San Diego, 12-16 janvier 2002.

Maïa M., 1967. Obtention de blés tendres résistants au piétin-verse par croisements interspécifiques blés × Aegilops. *Comptes Rendus de l'Académie d'Agriculture de France*, 53, 149-154.

Maliga P., 1993. Towards plasmid transformation in flowering plants. *Trends in Biotechnology.*, 11, 101-107.

Mariani C., Gossele V., de Beuckeleer M., de Block M., Goldberg R.B., de Greef W., Leemans J., 1990. Induction of male sterility in plants by a chimaeric ribonuclease gene. *Nature*, 347, 737-741.

Mariani C., Gossele V., de Beuckeleer M., de Block M., Goldberg R.B., de Greef W., Leemans J., 1992. A chimaeric ribonuclease-inhibitor gene restores fertility to male sterile plants. *Nature*, 357, 384-387.

Marimuthu M.P.A., Jolivet S., Ravi M., Pereira L., Davda J.N., Cromer L., Wang L., Nogué F., Chan S.W.L., Siddiqi I., Mercier R., 2011. Synthetic clonal reproduction through seeds. *Science*, 331, 876.

McCallum C. M., Comai L., Greene E.A., Henikoff S., 2000. Targeting induced local lesions IN genomes (TILLING) for plant functional genomics. *Plant Physiology*, 123, 439-442.

Meunier J., Gascon J.P., 1972. Le schéma général d'amélioration du palmier à huile à l'IRHO. *Oléagineux*, 27, 1-12.

Meuwissen T.H.E., Hayes B.J., Goddard M.E., 2001. Prediction of total genetic value using genome wide dense marker maps. *Genetics*, 157, 1819-1829.

Miller J.C., Tan S., Qiao G., Barlow K.A., Wang J., Xia D.F., Meng X., Paschon D.E., Leung E., Hinkley S.J., Dulay G.P., Hua K.L., Ankoudinova I., Cost G.J., Umov F.D., Zhang H.S., Holmes M.C., Zhang L., Gregoy P.D., Rebar E.J., 2011. A TALE nuclease architecture for efficient genome editing. *Nature/Biotechnology*, 29, 143-148.

Moreau L., Lemarié S., Charcosset A., Gallais A., 2000. Economic efficiency of marker-assisted selection. *Crop Science*, 40, 329-337.

Ohno S., 1970. *Evolution by gene duplication*, Springer-Verlag, Berlin, 160 p.

Ossowski SZ., Schneeberger K., Lucas-Lledo J.I., Warthmann N., Clark R.M., Shaw R.G., Weigel D., Lynch M., 2010. The rate and molecular spectrum of spontaneous mutations in *Arabidopsis thaliana*. *Science*, 327, 92-94.

Pelletier G., Primard C., Vedel F., Chetrit P., Rémy R., Rousselle P., Renard M., 1983. Intergeneric cytoplasmic hybridization in Cruciferae by protoplast fusion. *Molecular and General Genetics*, 191, 244-250.

Pernès J., 1983. La génétique de la domestication des céréales. *La Recherche*, 146, 910-919.

Pétiard V., 2011. La multiplication végétative à grand échelle par embryogenèse somatique : rêves ou réalités ? Communication au colloque *Fondation écologie d'avenir - Ces biotechnologies végétales qui façonnent les plantes cultivées*, Paris, 9 décembre 2011.

Pitrat M., Foury C., 2003. *Histoire des légumes*, Éditions Inra, Versailles, 410 p.

Prakash N.S., Combes M.C., Somanna N., Lashermes P., 2002. AFLP analysis of introgression in coffee cultivars (*Coffea Arabica* L.) derived from natural interspecific hybrid. *Euphytica*, 124, 265-271.

Quétier F., 2011. Modes d'obtention des variétés tolérantes aux herbicides. *In* : Rapport ESCo *Variétés végétales tolérantes aux herbicides*, Institut national de la recherche agronomique (Inra).

Savidan Y., 1982. *Nature et hérédité de l'apomixie chez* Panicum maximum *Jacq*. ORSTOM, Paris, Collection Travaux et Documents, 153, 160 p.

Sears E.R., 1981. Transfer of alien genetic material to wheat. *In : Wheat Science, Today and Tomorrow* (L.T. Evans, W.J. Peacock, eds), Cambridge University. Press, 75-89.

Shull G.H., 1908. The composition of a field of maize. *American Breeders Association Report*, IV, 296-301.

Sutton B., 2002. Commercial delivery of genetic improvement to conifer plantations using somatic embryogenesis. *Annals of Forest Science*, 59, 657-661.

Tanksley S.D., Grandillo S., Fulton T.M., Zamir D., Eshed Y., Petiard V., Lopez J., Beckbunn T., 1996. Advanced backcross QTL analysis in a cross between an elite processing line of tomato and its wild relative *Lycopersicum pimpinellifolium*. *Theoretical and Applied Genetics*, 92, 213-224.

U N., 1935. Genome analysis in *Brassica* with special reference to the experimental formation of *B. napus* and peculiar mode of fertilization. *Japanese Journal of Botany*, 7, 389–452.

Wenzel G., Schieder O., Przewozny T., Sopory S.K., Melchers G., 1979. Comparison of single cell culture derived *Solanum tuberosum* L. plants and a model for their application in breeding programs. *Theoretical and Applied Genetics*, 55, 49-55.

Young N.D., Tanksley S.D., 1989. RFLP analysis of the size of the chromosomal segments retained around the Tm-2 locus of tomato during back-cross breeding. *Theoretical and Applied Genetics*, 77, 353-359.

Yu W., Vega J.M., Birchler J., 2007. Plant artificial chromosome platforms via telomere truncation. United States Patent 79 939 13.

Zhang F., Cong L., Lodato S., Kosuri S., Church G.M., Arlotta P., 2011. Efficient construction of sequence-specific TAL effectors for modulating mammalian transcription. *Nature/Biotechnology*, 29, 149-153.

# Glossaire

**Additivité** : en génétique quantitative, il y a additivité stricte des effets géniques à un locus, lorsque la valeur de l'hétérozygote est égale à la moyenne des deux homozygotes. Dans une population panmictique, l'effet additif (« statistique ») d'un allèle correspond à la moyenne des génotypes ayant reçu cet allèle d'un parent donné.

**Allèles** : gènes homologues présents à un même locus et ayant la même fonction, mais avec des effets différents.

**Allogamie** : système de reproduction à fécondation croisée (entre deux individus différents). Par exemple, le maïs et le tournesol sont allogames.

**Allopolyploïdie** : état d'un génome formé par la juxtaposition de plusieurs génomes diploïdes différents. Par exemple, avec deux génomes, le colza est un allotétraploïde ; avec trois génomes, le blé est allohexaploïde.

**Allopolyploïdisation** : formation d'un génome allopolyploïde à partir d'un génome autopolyploïde, par différenciation de certains chromosomes homologues.

**Apomixie** : système de reproduction asexuée par graine, dans lequel il n'y a pas de fécondation et qui reproduit le génotype de la plante mère. C'est, par exemple, le système de reproduction du pissenlit.

**Aptitude générale à la combinaison (AGC)** : valeur moyenne des descendants d'un génotype en croisement avec un grand nombre de génotypes ou avec la population à laquelle appartient ce génotype (cas d'une population panmictique).

**Aptitude spécifique à la combinaison (ASC)** : écart entre la valeur observée d'un croisement de deux génotypes et sa valeur prévue sur la base de l'additivité des AGC de ces génotypes.

**Autofécondation** : système de reproduction par graine par lequel une plante se reproduit avec elle-même.

**Autogamie** : système de reproduction par autofécondation. Par exemple, le blé et la tomate sont autogames.

**Auto-incompatibilité** : système génétique qui empêche la fécondation d'une plante par son propre pollen, selon le génotype de celui-ci à certains locus.

**Autopolyploïdie** : état d'un génome formé de plusieurs exemplaires d'un même génome haploïde de base. Des plantes sont naturellement autopolyploïdes ; ainsi le poireau est autotétraploïde, la fléole des prés est autohexaploïde.

**Autotétraploïdie** : état d'un génome formé de quatre exemplaires d'un même génome haploïde de base. Des plantes sont naturellement autotétraploïdes, par exemple le poireau, la luzerne, le dactyle… On crée aussi des autotétraploïdes par doublement du nombre chromosomique d'un individu diploïde.

***Back-cross* ou rétrocroisement** : recroisement des descendants d'un croisement avec l'un des parents.

**Caractère qualitatif** : caractère oligogénique (contrôlé par un faible nombre de gènes) à variation discontinue, dont la ségrégation est visible dans une $F_2$.

**Caractère quantitatif** : caractère à variation continue, souvent contrôlé par de nombreux gènes et influencé par le milieu.

**Carte génétique** : représentation graphique de l'arrangement des gènes ou des marqueurs moléculaires d'un génome, en tenant compte de leurs distances génétiques. Pour le génome nucléaire, elle représente les groupes de liaison, c'est-à-dire les chromosomes.

**CentiMorgan (cM)** : unité de mesure de la distance entre deux locus, correspondant pour les petites distances (moins de 10 centiMorgans) à la probabilité de recombinaison. Un centiMorgan est la distance entre deux gènes telle qu'il existe une probabilité de 1 % qu'une recombinaison intervienne entre les deux locus.

**Chloroplaste** : organite cytoplasmique contenant de l'ADN, spécifique aux plantes, et siège de la photosynthèse.

**Chromosome** : structure nucléoprotéique qui correspond à un ensemble de gènes liés sur une même molécule d'ADN.

**Clone** : copie obtenue par multiplication végétative d'une plante (c'est-à-dire d'un génotype) ou, en biologie moléculaire, copie d'un gène obtenue par duplication.

**Coefficient de consanguinité** : mesure du degré de consanguinité. C'est la probabilité qu'à un locus, chez une espèce diploïde, les deux gènes soient identiques.

**Consanguinité** : reproduction entre individus apparentés.

**Coupling** : voir linkage en coupling.

**Croisement frère × sœur** : système de reproduction en consanguinité, par le croisement à chaque génération entre deux plantes sœurs.

**Crossing-over** : recombinaison survenant à la méiose entre deux chromatides de deux chromosomes homologues.

**Degré de dominance** : à un locus, rapport entre la dominance biologique et la demi-différence entre les valeurs des deux homozygotes.

**Dérive génétique** : fluctuation au hasard des fréquences géniques dans les populations de taille limitée.

**Déséquilibre de liaison** : non-association au hasard des locus dans une population. Il peut y avoir déséquilibre de liaison sans linkage.

**Dihaploïdie** : état qui résulte de la division par deux du nombre chromosomique d'une plante autotétraploïde.

**Dioécie** : caractéristique des plantes dioïques, chez lesquelles les sexes sont séparés sur des plantes différentes (un individu porte soit uniquement des fleurs mâles soit uniquement des fleurs femelles).

**Diploïdie** : état d'une cellule possédant deux génomes homologues qui s'apparient à la méiose et dans laquelle les chromosomes vont donc par paires. Une plante d'une espèce diploïde est une plante dont toutes les cellules sont diploïdes, sauf les gamètes, qui sont haploïdes.

**Disjonction** : à la méiose, séparation, dans différents gamètes, des allèles qui étaient réunis à l'état hétérozygote. L'union des gamètes deux à deux conduit à une ségrégation génotypique.

**Disomique** (hérédité) : mode d'hérédité identique à celle d'un organisme diploïde, même si l'organisme n'est pas diploïde.

**Distance génétique** : en génétique formelle, distance entre deux locus liés, mesurée en centiMorgan ; en génétique des populations, mesure du degré de dissemblance génétique entre deux populations ou deux espèces.

**Dominance** : à un locus, chez un génotype hétérozygote, masquage de l'effet d'un allèle (qualifié de récessif) par l'effet de l'autre allèle (qualifié de dominant).

**Épistasie** : interaction entre gènes non homologues.

**$F_1$, $F_2$…** : la $F_1$ (F pour *filial*) est la génération qui résulte du croisement de deux parents (des individus ou, le plus souvent, des lignées). La $F_2$ est la génération obtenue par autofécondation de la $F_1$ (ou par reproduction en isolement de la $F_1$). Les générations suivantes par autofécondation sont notées $F_3$, $F_4$…

**Fardeau génétique** : ensemble des allèles défavorables portés par les individus d'une population et qui se maintiennent dans la population par un équilibre entre mutation et sélection. Chez les plantes allogames, ces allèles récessifs défavorables sont masqués à l'état hétérozygote.

**Fixation** : développement de l'état homozygote à de nombreux locus, signifiant l'absence de ségrégations. On parle de fixation d'une lignée ; on parle aussi de fixation de l'hétérosis, pour signifier l'obtention de lignées aussi bonnes que les hybrides.

**Gamète** : cellule reproductrice résultant de la méiose. Chez les plantes, le gamète mâle est contenu dans le pollen, le gamète femelle dans l'ovule. La méiose divisant le nombre chromosomique par deux, chez les organismes diploïdes, les gamètes sont haploïdes.

**Gamétophyte** : dans le cycle du développement des végétaux, organisme haploïde qui produit les gamètes.

**Gène majeur** : gène à effets forts, déterminant un caractère qualitatif, dont la ségrégation est visible en $F_2$.

**Gène** : séquence d'ADN codant pour un ARN, qui est ensuite traduit, ou non, en protéine.

**Génome** : au sens large, ensemble des gènes d'une espèce ; au sens restreint, ensemble des gènes d'un individu (synonyme dans ce cas de génotype).

**Génomique** : science qui étudie l'organisation et le fonctionnement de l'ensemble des gènes constituant le génome.

**Génotype** : au sens large, ensemble des gènes d'un individu ; au sens restreint, ensemble des gènes d'un individu à un ou quelques locus particuliers.

**Haplodiploïdisation** : au sens restreint, système artificiel de reproduction qui consiste à régénérer un individu à partir de cellules haploïdes (mâles ou femelles) puis à doubler le nombre chromosomique, ce qui conduit à un individu diploïde complètement homozygote ; au sens large, division par deux du niveau de ploïdie suivie d'une multiplication par deux.

**Haploïdie** : état d'une cellule contenant un seul exemplaire du génome de base. Les gamètes d'un individu diploïde sont haploïdes.

**Haploïdisation** : au sens restreint, obtention d'un individu haploïde ; au sens large, division par deux du nombre de chromosomes.

**Héritabilité** : au sens large, degré de correspondance entre la valeur phénotypique et la valeur génotypique.

**Hétérosis** : phénomène de supériorité de la descendance d'un croisement par rapport à ses parents.

**Hétérozygote** : état d'un génotype diploïde présentant deux allèles différents à un locus (par exemple, *Aa*).

**Homéologue, homéologie** : des chromosomes sont dits homéologues s'ils ont la même structure, portent les mêmes locus, mais ne s'apparient pas à la méiose.

**Homéostase** : aptitude d'un génotype (ou d'une population) à se comporter de façon assez stable dans des conditions de milieux variables.

**Homologue, homologie** : caractérise des gènes, des chromosomes ou des génomes. Des gènes homologues sont des gènes qui sont situés au même locus, qui ont donc la même fonction. Des chromosomes homologues sont des chromosomes qui s'apparient ou peuvent s'apparier au moment de la méiose et qui ont les mêmes locus (définis comme les classes de gènes homologues ou groupes d'homologie). Des génomes homologues sont formés de chromosomes homologues.

**Homozygote** : état d'un génotype avec le même allèle à un locus sur tous les chromosomes homologues (par exemple, pour un diploïde : *AA* ou *aa*).

**Hybride double** : résultat du croisement de deux hybrides simples.

**Hybride simple** : résultat du croisement de deux lignées non apparentées.

**Hybride trois-voies** : résultat du croisement d'un hybride simple et d'une lignée.

**Hybride** : résultat d'un croisement.

**Intensité de sélection** : paramètre donnant une idée de la proportion d'individus sélectionnés ; elle est égale à la différence entre la moyenne des valeurs phénotypiques des individus sélectionnés et la moyenne des valeurs de tous les individus candidats à la sélection, cette différence étant exprimée en unités d'écart type de la distribution de la population de candidats.

**Intercroisement** : en sélection récurrente, interfécondation, le plus au hasard possible, des unités sélectionnées.

**Introgression** : insertion dans un génome d'un gène, ou d'un segment chromosomique, provenant d'une autre variété, population ou espèce.

**Isogénicité** : deux génotypes sont dits isogéniques s'ils portent les mêmes gènes à tous les locus ; le résultat d'un programme de rétrocroisement devrait être une lignée isogénique au parent receveur sauf pour le locus du gène introgressé, ce qui n'est jamais le cas, on parle alors de quasi-isogénicité.

**Lignée, lignée pure** : ensemble d'individus homozygotes à tous leurs locus, tous identiques entre eux, et qui par autofécondation se reproduisent donc de façon identique à eux-mêmes.

**Linkage en coupling** : association entre un allèle favorable à un locus et un allèle favorable à un autre locus.

**Linkage en répulsion** : association entre un allèle favorable à un locus et un allèle défavorable à un autre locus.

**Linkage** : liaison physique entre locus, c'est-à-dire sur un même chromosome.

*Linkage-drag* : phénomène d'entraînement d'un fragment chromosomique plus ou moins long autour du gène introgressé dans un programme de rétrocroisement.

**Locus** : position d'un gène sur le génome ou classe des gènes homologues. À un locus, il y a généralement plusieurs allèles possibles.

**Mainteneur (de stérilité)** : génotype qui, croisé à une plante mâle-stérile, maintient la stérilité-mâle (les descendants du croisement sont tous mâles-stériles).

**Marqueur moléculaire** : sorte d'étiquette sur la chaîne d'ADN, qui peut être révélée au laboratoire après extraction de l'ADN et traitement par des outils de la biologie moléculaire.

**Méiose** : division, dite réductionnelle, des cellules mères des gamètes, qui conduit chez les diploïdes à des cellules haploïdes (les gamètes) contenant un seul exemplaire de chaque chromosome.

**Panmixie** : système de reproduction dans une population de grande taille dans laquelle la rencontre des gamètes mâles et femelles se fait au hasard, sans sélection (ni zygotique, ni gamétique), et sans mutation, ni migration. À un locus, il conduit à la loi de Hardy-Weinberg, qui établit que la composition génotypique de la population est stable d'une génération à l'autre.

**Parent donneur** : dans le *back-cross* ou rétrocroisement, parent qui est le donneur du gène à transférer.

**Parent receveur** : dans le *back-cross* ou rétrocroisement, parent qui est le receveur du gène à transférer (on parle aussi de parent récurrent).

**Phénotype** : le phénotype d'un individu correspond à ce qui est vu, observé ou mesuré sur cet individu, dans les conditions de milieu où il est et à un niveau d'observation donné. Pour un caractère donné, le phénotype est le résultat de l'interaction entre le génotype et le milieu.

**Pléiotropie** : situation dans laquelle un gène agit simultanément sur plusieurs caractères.

**Ploïdie (niveau de)** : nombre de génomes élémentaires présents dans le noyau cellulaire.

***Polycross*** : en amélioration des plantes allogames, dispositif d'intercroisement naturel de *n* plantes, soit pour apprécier l'aptitude générale à la combinaison d'une plante avec les *n–1* autres (la probabilité d'autofécondation est très faible), soit comme départ d'une variété synthétique.

**Polyploïdie** : état du génome formé par la présence de plusieurs exemplaires d'un même génome haploïde de base (on parle d'autopolyploïdie) ou par la juxtaposition de plusieurs génomes diploïdes (on parle d'allopolyploïdie). Voir autopolyploïdie / allopoplyploïdie.

**Progrès génétique** : en amélioration des plantes, progrès (mesuré par l'augmentation du rendement ou de la qualité des récoltes) dû à la modification des génotypes ; à ne pas confondre avec le progrès agronomique, qui intègre à la fois l'amélioration des variétés et l'amélioration des techniques culturales.

**Protoplaste** : cellule végétale isolée, sans ses parois pectino-cellulosiques (qui ont été digérées).

**QTA (*quantitative trait allele*)** : allèle à un QTL donné, souvent assimilé à un segment chromosomique contenant le QTL.

**QTL (*quantitative trait loci*)** : locus impliqué dans la variation d'un caractère quantitatif.

**Récessif (allèle)** : à un locus, chez un génotype hétérozygote, un allèle est dit récessif si son effet est masqué par l'effet de l'autre allèle (qualifié de dominant).

**Répulsion** : voir linkage en répulsion.

**Restaurateur (de fertilité)** : génotype qui, croisé à un génotype mâle-stérile, restaure sa fertilité mâle.

**Rétrocroisement** (ou *back-cross*) : recroisement d'un individu issu de croisement avec l'un de ses parents.

$S_0$, $S_1$, $S_2$... : une plante $S_0$ (S pour *self-fertilization*) est une plante non consanguine, issue d'une population panmictique. Une famille $S_1$ résulte de l'autofécondation d'une plante $S_0$ ; une famille $S_2$ résulte de l'autofécondation d'une plante $S_1$, etc.

**Ségrégation** : dans la descendance en autofécondation d'un génotype hétérozygote à un ou plusieurs locus, apparition de plusieurs classes de phénotypes.

**Sélection assistée par marqueurs** : toute forme de sélection qui fait intervenir au cours de son application les marqueurs moléculaires. Les principales applications des marqueurs en sélection sont le marquage des gènes ou le marquage de segments chromosomiques.

**Sélection familiale** : sélection dans laquelle les unités de sélection sont des familles (de demi-frères, de pleins-frères, ou familles issues d'autofécondation $S_1$, $S_2$…)

**Sélection généalogique** : sélection s'opérant le plus souvent à partir d'une population résultant du croisement de deux lignées et intégrant le suivi des descendances au cours des générations d'autofécondation, dans le but de créer une nouvelle lignée.

**Sélection génomique** : forme de sélection assistée par marqueurs, qui fait intervenir un marquage très dense du génome, et dont le but est d'utiliser les effets de tous les QTL contribuant à la variation génétique, même ceux à effets très faibles.

**Sélection massale** : sélection dans laquelle les plantes retenues pour leur phénotype sont récoltées en mélange (en masse). On parle aussi de sélection phénotypique individuelle.

**Sélection récurrente** : au sens restreint, sélection au niveau de populations, basée sur des cycles courts de sélection suivie d'intercroisement des individus sélectionnés. Au sens large, toute forme de sélection, à cycle assez court, avec réintroduction systématique, dans le matériel de départ, de matériel résultant de sélection.

**Sélection sur descendances** : sélection dans laquelle les plantes candidates sont évaluées pour la valeur de leur descendances (familles de demi-frères, familles issues d'autofécondation $S_1$, $S_2$…).

**Semi-hybride** : variété « hybride » obtenue sans contrôle strict du croisement et présentant donc un certain taux de semences non hybrides.

**SSD (*single-seed descent*, ou filiation monograine)** : système de fixation par autofécondation, sans sélection, tel que, pour passer à la génération suivante, une seule graine est prise par famille résultant de l'autofécondation des plantes de la génération précédente.

**Superdominance** : situation dans laquelle, à un locus, l'hétérozygote est supérieur au meilleur des deux parents.

**Testeur** : génotype (lignée, hybride ou population) utilisé pour étudier la valeur en croisement.

**Tétraploïde** : utilisé dans cet ouvrage pour autotétraploïde ; se dit d'un génotype qui a quatre fois le génome haploïde de base, obtenu par doublement chromosomique d'un diploïde.

**Tétraploïdisation** : action de doubler le nombre chromosomique d'une espèce diploïde.

***Top-cross*** : plan de croisement entre une série de génotypes candidats à la sélection et un testeur pour évaluer leur aptitude à la combinaison.

**Transformation génétique** : transgénèse, ou transfert d'un gène d'un génome dans un autre génome, plus ou moins éloigné.

**Transgène** : construction génétique comprenant, outre la séquence codante d'un gène, un promoteur et une séquence de fin de lecture.

**Transgression** : au niveau d'une $F_2$ ou de familles dérivées de cette génération, pour un caractère quantitatif, il y a transgression lorsque, suite aux recombinaisons entre les apports génétiques des parents de la $F_1$, la valeur génétique de certains descendants est en dehors de l'intervalle des valeurs des deux parents.

**Valeur propre** : valeur génotypique, ou valeur *per se*.

**Variance génétique** : variance des valeurs génétiques.

**Variance phénotypique** : variance des valeurs phénotypiques ; somme de la variance génétique, de la variance d'interaction génotype × milieu (quand il y a plusieurs milieux) et de la variance environnementale (résiduelle).

**Variance** : mesure de la variation.

**Variété** (au sens du généticien sélectionneur) : population artificielle, à base génétique plus ou moins étroite, reproductible et de caractéristiques agronomiques bien définies. Exemples : lignées chez les plantes autogames, hybrides ou variétés synthétiques chez les plantes allogames.

**Variété synthétique** : population artificielle résultant de la multiplication pendant un nombre déterminé de générations de la descendance en fécondation libre d'un nombre limité de plantes sélectionnées. Type de variétés développé chez les plantes allogames pour lesquelles il n'est pas possible de contrôler l'hybridation à grande échelle pour produire des variétés hybrides.

# Index

Mise en pages : DESK

Dépôt légal : février 2013

Imprimé pour vous par Books on Demand (Allemagne)